Google Cloud Platform GAEソフトウェア開発入門

――Google Cloud Authorized Trainerによる実践解説

小林明大　北原光星 著　中井悦司 監修

技術評論社

●免責

本書に記載された内容は、情報の提供だけを目的としています。したがって、本書を用いた運用は、必ずお客様自身の責任と判断によって行ってください。これらの情報の運用の結果について、技術評論社および著者はいかなる責任も負いません。

本書記載の情報は、2020年1月現在のものを掲載していますので、ご利用時には、変更されている場合もあります。

また、ソフトウェアに関する記述は、特に断わりのないかぎり、2020年1月現在でのバージョンをもとにしています。ソフトウェアはバージョンアップされる場合があり、本書での説明とは機能内容や画面図などが異なってしまうこともあり得ます。本書ご購入の前に、必ずバージョン番号をご確認ください。

以上の注意事項をご承諾いただいたうえで、本書をご利用願います。これらの注意事項をお読みいただかずに、お問い合わせいただいても、技術評論社および著者は対処しかねます。あらかじめ、ご承知おきください。

●商標、登録商標について

はじめに

本書は、Google App Engine（GAE）でアプリケーションを「正しく」開発したい方のための入門書です。

GAEは、Google Cloud Platform（GCP）が提供する、Webアプリケーション開発のためのプラットフォームです。GCPの中でも最も長い歴史があり、GCPを代表するサービスの1つです。スケーラビリティの高いWebアプリケーションを手軽に構築できる点が多くのファンを引きつけており、人気の高い多数のWebサービスの基盤として利用されています。何かしらのWebアプリケーションを開発した経験があれば、GAE上でのアプリ開発はそれほど難しくありません。アプリの開発から公開まで、特別な手間はまったくかかりません。しかしながら、誰もがGAEを活用したアプリ開発を「正しく」行えるというわけではありません。そのためには、GCP全般に対する基礎知識が重要になります。

GCPには、数あるクラウドサービスの中でも、Googleの先端技術を取り入れたサービスが利用できるという特徴があります。優れたGAEアプリケーションを作るには、関連するGCPのサービスを理解して、最大限に活用することが求められます。本書では、ただ単にWebアプリケーションを作るのではなく、GAE上で提供するWebアプリケーションを「正しく開発する」ということにフォーカスを当てています。そのため、GAEだけではなく、開発に必要なGCPのサービスについても詳しく説明しています。「GAEとは何か」「GCPとは何か」「Googleが目指すクラウドサービスは何か」ということを知ることが大切です。

筆者は、GAEが登場した頃からのヘビーユーザーで、今も変わらず使い続けています。そして、GAEがどのように進化してきたのかを見てきました。GAE単体のサービスから始まり、GCPのサービスとして統合された後にGAE Flexが登場し、さらには、最新バージョンのGAE 2ndへと進化しました。今やGAEは、Webアプリケーション開発の最高のソリューションになったと感じています。

「GAEにかかわって10年以上の経験から得たノウハウをわかりやすく伝えたい」「より多くの人にGAEの素晴らしさを感じてもらいたい」、そんな想いの下に本書を執筆しました。本書を手にしたみなさんがGAEアプリケーションを「正しく」開発できる、そのための手助けになれば幸いです。

2020年 春

小林明大

謝辞

本書の執筆にあたり、たくさんの方々の協力を得て、原稿を書き上げることができました。多忙の中、監修を引き受けていただいた中井悦司さん、執筆初期の頃からレビュー、アプリケーションのデバッグに多大な協力していただいいた白川舞さん、クライアント画面の作成を全面的に手伝っていただいた石川孝之さん、アプリケーション開発の的確なアドバイスと画像提供をしてくれた宮山龍太郎さん、五十嵐毅さん、本当にありがとうございました。執筆に至らないところだらけの筆者を、優しく、厳しく支えてくれた技術評論社の編集部にお礼を申し上げます。

最後に執筆に専念している中、いつも暖かく応援をしてくれた妻に感謝しています。

推薦の言葉（監修：中井悦司）

「もしかしたらこれは、マイクロサービスを実装するための最適な入門書ではないだろうか？」――監修者として、本書の原稿を一読した際の私の感想です。本書で扱うサンプルアプリケーションは、1つのプロセスで実行される簡単な掲示板システムですが、機能ごとにAPIが分かれており、バックエンドには、GCSやCloud Datastoreといったスケーラビリティの高いGCPのサービスが活用されています。さらには、Cloud Tasksを用いた非同期タスクの実装方法までもが解説されています。マイクロサービスアーキテクチャーを正しく実装するうえでは、クラウドが提供するスケーラブルな基盤を活用することが必須となりますが、そのための基礎知識が凝縮された内容です。

GAEは、当初より、マイクロサービスの実装を意識したサービスでしたが、最新のGAE 2ndで一つの完成形を実現したようにも思われます。GAEの入門書であると同時に、マイクロサービスの実践入門として、クラウド時代のソフトウェアエンジニアを目指すすべての方々に本書をお勧めしたいと思います。

対象読者

本書の対象読者は、プログラミング言語のPythonを使ってGoogle App Engine（GAE）アプリを作成したい人です。GAEの入門書ではありますが、プログラミング言語の入門書ではありません。本書の理解を深めるためには、次の技術を理解していることが望ましいです。

- Pythonの基本構文
- 基本的なLinuxコマンド
- HTML、CSS、JavaScriptの基本知識
- WebAPIの基本知識やJSONフォーマット

本書の読み方

本書では、各章ごとに用意した機能単位の「Exampleアプリケーション（以降、アプリ）」と、各章ごとに機能を追加していく「GuestBookアプリ」を作成します。

Exampleも GuestBookアプリもそれぞれ個別のGCPプロジェクトを使用しますので、間違えないようにしてください。アプリ作成は、先に練習として機能単位のExampleアプリを作成し、次に実習としてGuestBookアプリに機能を追加します。Exampleアプリを先に作成することでピンポイントで使い方を学び、アプリを拡張することで理解を深めることができます。

アプリがどのように変化していくのかは「第5章　Webアプリケーション概要」で細かく説明します。最初は、2つのアプリと2つのGCPプロジェクトを使用するということだけ頭に入れておいてください。

Exampleアプリは各章ごとに独立した機能単位の練習用の小さなアプリです。GuestBookアプリは第4章から第10章までを通して完成する1つのアプリです。各章ごとに機能を追加していきます。各章で作成した、「Exampleアプリ」と「 GuestBookアプリ」はGitHubで完成版を提供しています。各章で作成したアプリケーションの詳細について、GitHubのreadme.mdを参照してください。

開発環境はブラウザだけ

学習に必要な環境は次のとおりで、Googleアカウントとパソコンだけです。

■ 学習に必要なもの

- Googleアカウント
- ChromeがインストールPC（OS指定なし）

本書ではWebブラウザ（Chromeを推奨）上で実行するクラウドシェルというLinuxターミナ

ルに似たインターフェースを使って開発します。そのためパソコンのOSは指定ありません。WindowsでもMacでもLinuxのUbuntuでもChromeBookでも対応できます。またコードエディターと呼ばれるブラウザベースの開発ツールを使うので、JavaやPythonなどのプログラミング言語のインストールやPyCharm、Eclipseなどのような開発ツールのセットアップも必要ありません。

GitHub

本書で解説している「Exampleアプリーション」と「GuestBookアプリケーション」の完成版をGitHubで公開しています。下記のURLを参照し、当該ファイルを適宜ダウンロードしてください。

```
https://github.com/hidecheck/gae_basics_webapp
```

参考文献

- 『プログラマのためのGoogle Cloud Platform入門　サービスの全体像からクラウドネイティブアプリケーション構築まで』阿佐志保（著）、中井悦司（著／監修）、翔泳社、2017年
- Flask Web Development：Developing Web Applications with Python　Miguel Grinberg（著）、O'Reilly Media、2018年
- GAE公式ドキュメント（https://cloud.google.com/appengine/docs/?hl=j）
- GCP公式ドキュメント（https://cloud.google.com/docs/overview/?hl=ja）
- GCP誕生から10年、その進化の歴史を振り返る（https://ascii.jp/elem/000/001/757/1757103/）
- Google Cloud Next 2019の重要発表トップ6まとめ（https://jp.techcrunch.com/2019/04/11/2019-04-10-the-6-most-important-announcements-from-google-cloud-next-2019/）
- GCPのストレージサービスについてまとめてみた。（https://www.apps-gcp.com/gcp-storage-service/）

目次

第2章 Google App Engine

第3章 開発環境の構築

第4章 GAEアプリケーション作成

第7章 ログ

第8章 Cloud Datastoreを使う

第9章 エンティティグループ

第10章 Google Cloud Storage を使う

第11章 そのほかのサービス

第 1 章

Google Cloud Platform

第1章 Google Cloud Platform

1.1 Google Cloud Platformとは

Google Cloud Platform（以降、GCP）とは、Googleのインフラストラクチャー上で利用できるクラウドサービスです。GCPには信頼性が高く、しかも高スケーラブルな環境でWebアプリを実行できるサービスや、高い可用性と永続性を備えたオブジェクトストレージサービス、高パフォーマンスなビッグデータ分析サービスなどが含まれており、それらのサービスを容易に利用するためのツールやSDK（Software Development Kit）、API（Application Programming Interface）などが提供されています。提供されているサービスの種類は豊富です。Webサービスやモバイルバックエンドのソリューションを構築するためにコンピューティングサービス、ストレージサービス、アプリケーションサービスなど、ユーザーの用途に合わせたサービスを選ぶことができます。

GCPのサービスはカテゴリに分かれて、**図1.1**のようなものがラインナップされています。本書で紹介するGoogle App Engine（GAE）はコンピューティングカテゴリのサービスです。

図1.1 GCPのサービス

いくつかのサービスは課金が必要です。クレジットカードやデビットカードが必要になります。有料のサービスでも一定範囲内の使用料であれば無料枠におさめることができ、その設定をするだけで無料で使える範囲が増えるサービスもあります。

1.1.1 Googleのネットワークインフラストラクチャー

GCPの魅力は、Googleのインフラストラクチャー（以下、インフラ）を使えることです。Googleが使っているデータセンターと同じ環境で、みなさんのアプリケーション（以下、アプリ）を動かすこともでき、強固なセキュリティに守られた場所にデータを保存できます。

Googleのインフラは、世界各国にあるデータセンターが独自のファイバーネットワークを使って接続されています。大陸を横断する巨大な海底ケーブルを独自に引いているのです。また、ファイバーネットワークに入るための入り口であるエッジロケーションを世界各国に置いてあり、言うまでもなく日本にも用意されています。日本にもデータセンターがありますが、アジア、アメリカ、ヨーロッパなど外国のデータセンターも使えます。グローバルに展開したいサービスを作る場合はどこのデータセンターを使うかを選択できます。海外のデータセンターにアクセスする場合は日本から出ることになりますが、目的次第ではインターネットを使わずにGoogleの専用線を利用します。そのため、高速なデータへのアクセスができます。

さらに、このファイバーネットワークの入り口にエッジキャッシュサーバーがあります。一度取得したデータをエッジキャッシュサーバーに乗せることで、海外のデータセンターを使用していても日本だけで通信が完結し、料金も抑えることができます。このようなインフラの強さがGCPの特徴の1つです。

1.1.2 リージョンとゾーン

リージョンとゾーンはリソースがどこに存在しているのかを表すものです。リージョンの下にゾーンがある構造になっており、リージョンの中には必ず複数のゾーンがあります。GCPのリージョンは世界各地で提供されています。執筆時点では20のリージョンと61のゾーンが提供されています。日本では2016年に東京リージョンと2019年に大阪リージョンが正式運用を開始しています（**図1.2**）。

リージョンは、データセンターが存在する地域を表します。ゾーンはリージョンの下にあり、一般に障害ドメイン（Failure domain）と呼ばれる区画にあたります。GCPのリソースはいずれかのリージョンやゾーンに属することになり、その範囲で稼働します。リージョンとゾーンの大きな違いは冗長性です。ゾーンリソースの1つにGoogle Compute EngineのVM（Virtual Machine；仮想マシン）があります。これは単一のゾーンで動作しているため、ゾーンで障害が起きたときは、復旧するまで使用できなくなります。そのため、冗長性を確保するには、複数のゾーンを用いてロードバランスする必要があります。一方、GAEはリージョンリソースとなっていて、複数のゾーンにまたがって動作しているためゾーンに障害が起きても、正常なゾーンでの稼働が自動的に継続します。ゾーン、リージョンのほかにマルチリージョンと呼ばれる複数のリージョンにまたがって動作するサービスもあります。Google Cloud Storageのバケットはマルチリージョンリソースとして利用可能です。

図1.2 Google Cloud のネットワーク（リージョンとゾーン）

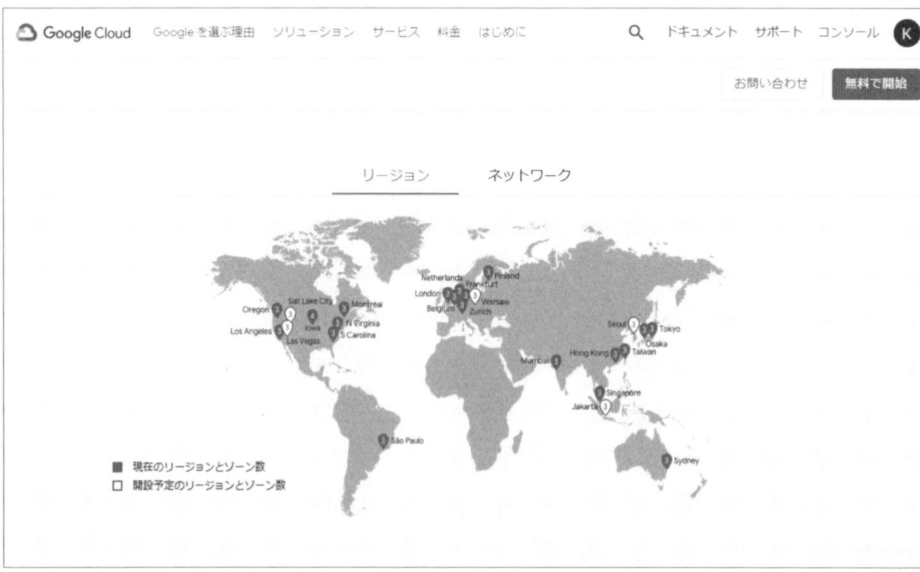

1.2 GCPの歴史

GCPは、Google App Engine（GAE）から始まり、その後登場したGoogle Cloud Storage（GCS）、Google Compute Engine（GCE）などのクラウドサービスが1つに統合されて今のGCPという名称で呼ばれるようになりました。現在は、Googleが「Google Cloud」のブランド名で提供している、G SuiteやGoogle Maps Platform、Googleアナリティクスなどの多数のプロダクトの1つとなっています。

さらに、Google Cloud（**図1.3**）は、パートナー、オープンソースのコントリビュータ、ユーザーや技術者から形成される、より大規模なエコシステムの一部となっていて、そのすべてのサービスはGCPと同じGoogleのインフラ上で動いています。ここでは、執筆時点からGCPの11年の歴史を振り返ってみましょう。

図1.3 Google Cloudのエコシステム

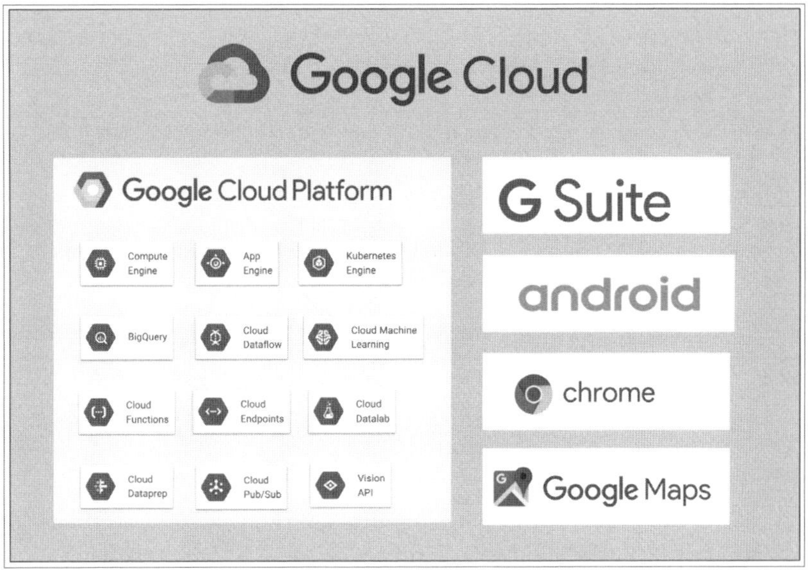

1.2.1 GCP年表

表1.1は、2008年から2019年までのGCPのサービスとGoogleの動向を示したものです。この中のいくつかの代表的なサービスに絞って説明します。

●**表1.1** GCP年表

年	サービス	Googleの動向
2007年以前		GFS、MapReduce、BigTableなどの論文を発表
2008年	Google App Engine	
2010年	Google Cloud Storage	Dremelの論文発表、FlumeJavaの論文公開
2011年	Cloud SQL、BigQuery	Megastoreの論文発表
2012年	Google Compute Engine	
2013年	Google Cloud Platform	Googleのクラウドサービスを統一し、名称をGCPに変更

年	サービス	Googleの動向
2014年	Google Container Engine、Cloud Dataflow	DeepMind買収、Stackdriver買収、Firebase 買収、Kubernetes発表、MillWheelの論文公開
2015年	Cloud BigTable、Cloud Pub/Sub、Cloud DNS、DataStudio、Cloud Datalab、Cloud Dataproc、Deployment Manager、Cloud Source Repositories	Borgの論文公開、TensorFlow発表
2016年	Cloud Dataproc、Cloud Datastore、Cloud Functions、Cloud Machine Learning	東京リージョンリリース、AlphaGoが囲碁の世界チャンピオンに勝利
2017年	Cloud Spanner、Cloud Dataprep、Cloud IoT Core、Cloud Identity-Aware Proxy	Google Kubernetes Engineに名称変更
2018年	Cloud Armor、Google Cloud Memorystore、Cloud AutoML、Google Cloud IoTコア、Cloud AutoML、Cloud Services Platform、BigQuery ML	Edge TPU発表, GAE 2nd Generation の発表, BigQueryが東京リージョンで使えるようになる
2019年	Anthos, Cloud Code, Cloud Run, AI Platform, Cloud Data Fusion	大阪リージョンリリース、クラウドゲームプラットフォーム「STADIA」の発表、Google Cloud の年間予測売上が80億ドルを超える

1.2.2 2008年GCPの幕開け——Google App Engineの登場

2008年にGoogleがGAEを発表しました。これがGoogle のクラウドサービスの幕開けでした。GAEは、Webアプリにフォーカスを当てたPaaSタイプのクラウドサービスです。バックグラウンドのデータベースには、Datastore (現Cloud Datastore) が採用されています。フルマネージドサービスとなっているので、リリース後は特に保守運用の手間がなく、また優れたスケーリング機能を備えていました。GAEの詳細については、次の章で紹介します。

1.2.3 2010年 Google Cloud Storageの登場

当時のDatastoreには、バイナリデータをそのまま保存できる“B” inary “L” arge “OB” "ject (Blob) プロパティがありましたが、データのサイズが最大1MBに制限されるという問題がありました。そのため、当時のエンジニアはDatastoreにファイルを分割して保存するなどの作業を行っていました。

2010年にGoogle Cloud Storage（GCS）がリリースされ、Blobstoreサービスを利用してGCSにBlobデータを保存できるようになりました。

1.2.4 2011年 BigQueryの衝撃

また、2011年にはBigQueryサービスがプレビュー版で登場しました。BigQueryはGoogleが提供するビッグデータ分析のためのクラウドサービスで、高スケーラブルで信頼性の高いGoogleのインフラで動いているのが最大の特徴です。また、BigQueryはSQL 2011標準に準拠しているため、SQLを習得しているならば低い学習コストで扱うことができます。

BigQueryは、もともとはDremelという名前でGoogleの社内ツールとして使われていた仕組みです。Googleが自社サービスで扱うデータは、YouTubeやGmail、Googleサーチのログなど、とても大きなものです。Googleはそのような大量のデータを保存し、集まってくるデータを集計したり、分析したりしています。

Googleは、もともとはMapReduceやGoogle File System（GFS）などを自分たちのために開発し、集計や分析に活用していたのですが、リアルタイム性ではあまり実用的ではありませんでした。Googleは、自社で扱う数百億以上のデータセットに対して、インタラクティブにクエリを発行した場合に数秒以内で応答があり、さらに、その結果に応じて次のクエリを発行できたり、結果に合わせて統計データをビジュアルに表示できたりするシステムを必要としていました。その要求に応えるためにDremelを自社開発しました。Dremelを一般向けに提供したサービスがBigQueryです。BigQueryを使えば誰でもGoogleと同じ規模のデータを数秒で分析できます。

BigQueryはクラウドサービスです。ユーザー自らがハードウェアを準備して、ソフトウェアをインストールする必要はありません。必要なリソースはすべてGCP上にあります。数百億のデータを数秒で検索できるだけの大量のリソースが必要なときに、必要な時間だけ使うことができます。

1.2.5 2012年 Google Compute Engineの登場

GAEはリリース当初から完成度が高いサービスでしたが、次に挙げる制限がありました。まず、PaaS（Platform as a Service）というシステムの特性です。ランタイム環境がGoogleのインフラに用意されているためプログラミング言語が限定されます。ローカル側の環境にファイルを置けません。アプリからのリクエストに対してタイムアウトが短いこともあります。さらにはSSH（Secure Shell）でインスタンスにログインできませんでした。優れたスケーリングなどの恩恵を受けることができても、オンプレミス環境をそのままクラウドに移行するようなことができません。

スケーラブルなWebサービス環境を提供するPaaSのシステムとしては、合理的な設計ではあるものの、パブリッククラウド黎明期、オンプレミス開発が当たり前の時代では、これらの制限が受け入れ難かったように感じます。そのため、GoogleはIaaS形式のクラウドサービスとして、Google Compute Engineを2012年にリリースしました（**図1.4**）。

図1.4 Google Compute Engine

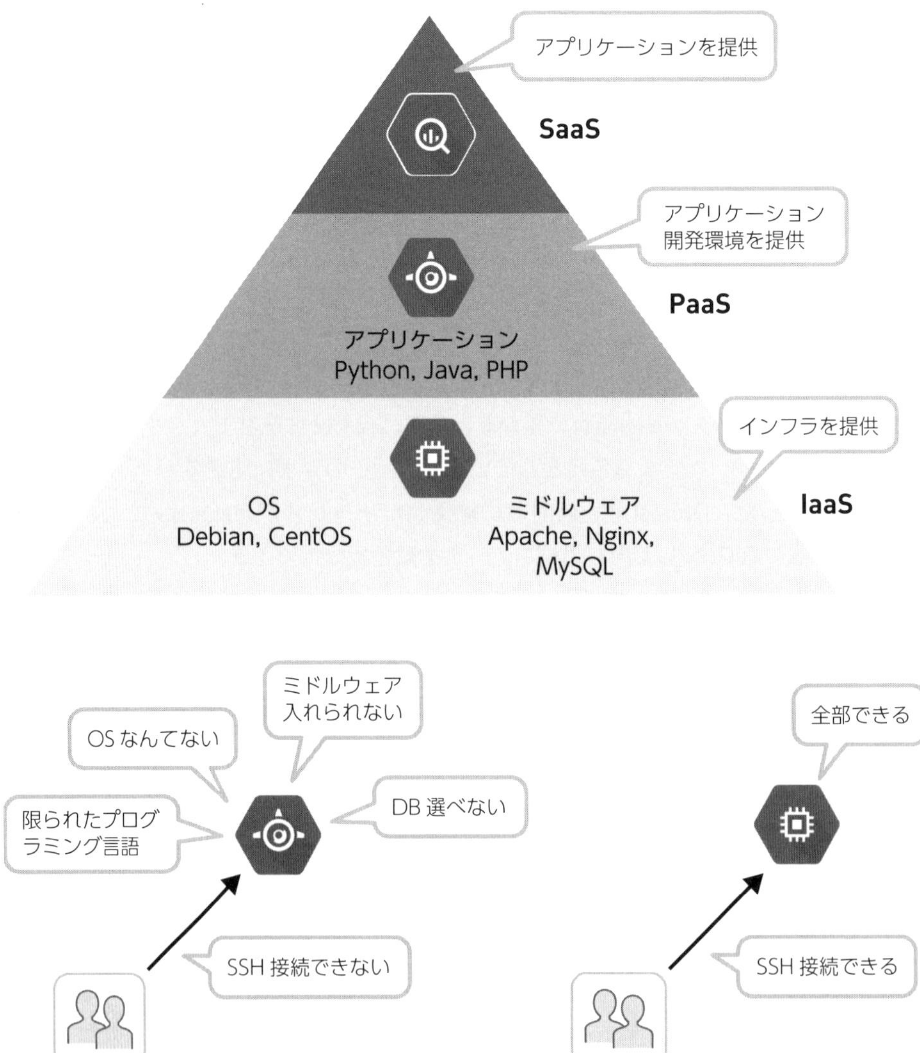

1.2.6 2013年Google Cloud Platformに統一

2008年から2013年にかけて次々に登場したPaaSのGAE、BlobストレージのGCS、RDBMSのCloud SQL、データウェアハウスのBigQuery、IaaSのGCEなどのサービスは、しばらくの間、別々のサービスとして存在していました。2013年に、これらのGoogleのクラウドサービスをまとめて「Google Cloud Platform」という名称で提供するようになりました。また、この時期からGCPのコンソール画面も新しくなり、各サービスが1つに統一されていくようになりました。

1.2.7 2014年GKEのリリース

2014年以降は、コンテナやビッグデータ、機械学習などが注目されるようになり、それらを扱うための新しい技術が必要になってきました。Googleも時代のニーズに応えるべくさまざまなクラウドサービスをリリースしました。

2013年にDocker 0.1がリリースされ、それから1年もしないうちにDockerフィーバーが起きました。従来のシステムではアプリの実行環境の依存関係や制約が多く、テスト環境でデプロイできても本番環境ではデプロイできないなどの問題がありました。さらにオンプレミスからパブリッククラウドに移行する場合は、環境を最初から作るという手間が発生しました。

コンテナを使うことで、アプリのコードとの依存関係やインフラなどの環境をひとまとめにでき、テスト環境でも本番環境でも、オンプレミスでもパブリッククラウドでもデプロイ可能になり、実行環境の移行が容易になります。

一方、Googleは世界がコンテナ技術に注目し始める10年以上も前から独自のコンテナ技術を使ってクラウドを運用していました。コンテナ技術に自信のあるGoogleは、たくさんのテクノロジーを世の中に提供しました。その代表的なものとして、Kubernetes（以降K8s）があります。

Googleは10年以上にわたるコンテナ運用技術の中でBorg（2015年に論文公開）というオーケストレーションツールを開発しました。そのBorgを基にしてDockerコンテナに対応させたものがK8sです。Googleのコンテナ技術がそのまま詰まっているK8sはすぐれたオーケストレーションツールとして注目され、2017年にDocker社がKubernetesをサポートしたことから、現在はオーケストレーションツールのデファクトスタンダードになっています。

そして2014年11月に、GoogleはGoogle Container Engine（現Google Kubernetes Engine、

GKE）をリリースしました。GKEはDockerコンテナのフルマネージドサービスとなっていて、GCP上でK8sを最適化して提供します。オーケストレーションやクラスタ管理はK8sに基づいて管理されており、Compute Engineのインスタンスとリソースを使用しています。

また、GKEではK8sマスターは隠蔽されており、料金も発生しません。さらにGKEに関連するサービスとして、Google Container Builder（現Cloud Build）、Google Container Registryがあり、コンテナイメージの作成と管理をサポートしてくれます。

1.2.8 2014年の企業買収とその成果

Googleが多数の企業を買収しているというのは有名な話です。Googleはこれまでに実に200社を超える企業を買収しています。その中で特にGCPに関係するいくつかの企業を2014年に買収しました。

まず、統合監視サービスのStackdriverを買収し、2年後の2016年にGCPのサービスの一部として統合しました。StackdriverはError Reporting、Monitoring、Debugger、Trace、Loggingの5つのサービスによって構成されます。マルチクラウドに対応していて、GCPとAWSをサポートしています。もともとがGCP固有のサービスとして作られていたわけではないため、汎用的な作りになっていますが、買収を経て統合されたことにより、Compute EngineやApp Engine、Kubernetes Engine、Cloud SQL、Cloud DatastoreなどさまざまなGCPのサービスを簡単に監視できるように機能が強化されました。

次に、モバイルおよびWebアプリのバックエンドサービスであるFirebaseを買収しました。Firebaseはクラウドサービスの形態ではmBaaS（mobile Backend as a Service）に位置付けされます。

Firebaseを使うことで、開発者はクライアントアプリの開発に専念できるようになります。DBサーバーを用意してDBにアクセスするためのAPIサーバーの構築や認証を行うといった、バックエンドで動くサービスを作成し管理する煩わしさから解放されます。

Firebaseはもともと独立したサービスでしたが、GCPの仲間入りをしたことで、GCPの多くのサービスと連携して使えるようになっています。たとえば、Cloud Function For Firebaseを使えばイベントドリブンな処理が実行でき、Cloud Firebase Massageと連携すれば、サーバープッシュすらサーバーレスで実現できます。

Firebaseの強力な武器であるRealtime DatabaseはCloud Firestoreに置き換わり、さらに2018年に発表されたDatastoreモードはCloud Datastoreに置き換わるサービスとして注目されています。このように、GoogleがFirebaseを買収することでGCPのほかのサービスとの親和性が高まっただけでなく、もともとあったFirebaseの機能も強化されたのです。

そのほかには、機械学習のDeepMind社を買収したのもこの年です。2014年には、ビッグデータやデータサイエンティスト、機械学習などがバズワードになっていました。Googleは、既存のサービスにも積極的に機械学習を取り入れています。たとえば日々賢くなるGoogle翻訳、Gmailのスパム判定、Google Photosの画像認識などは機械学習のテクノロジーが支えています。また、GoogleはTensorFlowをオープンソース化するなどコミュニティでも活躍しています。

1.2.9 2015年 Cloud Datalabのリリース

機械学習は、「データ分析とモデルの作成」「モデルの学習」「学習済みモデルの活用」のフェーズに分けられます。GCPでは、それぞれのフェーズに適したサービスが提供されています。

2015年にGoogleは、Pythonをブラウザ上でインタラクティブに実行できるJupyter NotebookをベースとしたCloud Datalabをリリースしました。

Cloud Datalabは機械学習のモデルの作成に適したサービスです。TensorFlowなどを使ってモデルを作成できます。GCPのクライアントライブラリが標準で含まれているため、たとえばBigQueryの操作が容易に実行できます。

機械学習モデルを作成する際は、データ分析に基づくトライ・アンド・エラーが必要で、データのビジュアライゼーションなども重要になります。Cloud Datalabでは、BigQueryから取得したデータをインタラクティブにグラフ表示することもできます。また、現在は、JupyterLabの機能が利用できるAI Platform Notebooksも提供されています。

1.2.10 2016年 Cloud Machine Learning Engineの登場

機械学習モデルの学習フェーズでは、大量のマシンリソースが必要になります。たとえば、画像を識別するモデルを作成した場合、大量の画像データを用いて、そのモデルを学習する必要があります。

GCPに2016年に登場したCloud Machine Learning Engineは、その学習の場を提供してくれます。GCPにある大量のマシンリソースを使って並列に作業させることで、オンプレミスの限られたサーバー環境では、1週間かかっていたような学習の処理を1日で終わらせることもできます。学習済みのモデルをGCPにデプロイし、クライアントアプリからリクエストを送って予測を行うような処理もできます（つまり、学習モデルの活用フェーズでも活躍するサービスです）。

1.2.11 2017年～2018年　進化するGCPのAI

GCPでは、自分でモデルを作成しなくてもあらかじめ提供されている学習済みモデルを使うことで、アプリに知能を与えることができます。学習済みモデルには次のようなものがあり、そのままAPIで利用できます。

- Cloud Natural Language（自然言語処理）
- Cloud Speech-to-Text（音声データをテキストに変換）
- Cloud Text-to-Speech（テキストを音声データに変換）
- Cloud Translation（機械翻訳）
- Cloud Vision（画像認識）
- Cloud Video Intelligence（動画解析）

必要とする機械学習の機能が、これらの学習済みモデルを利用することで代用できるのならば、モデルの作成すら必要ありません。また、メンテンスもまったく必要なく勝手に精度も上がっていきます。

一方で、専門分野になると、Googleが用意している学習済みモデルでは対応できないケースが多くなり、その分野に特化した学習モデルが必要になります。Cloud Machine Learning Engineなどで新たに機械学習モデルを作成することもできますが、GCPに2018年に登場した「Cloud AutoML」を使うと、機械学習に関する専門知識がなくても、GCPの学習済みモデルをベースに自社のサービスに合わせてカスタマイズを加えた機械学習モデルを構築できます。

Cloud AutoMLの第1弾としてリリースされた「Cloud AutoML Vision」は、画像認識の機械学習モデルを自社サービス向けにカスタマイズするものです。タグを付けた画像を一定数アップロードすると、数分～1日程度で性能評価のためのデモが可能になり、トレーニング済みモデルはGCP上に直接デプロイできます。

そのあと、Cloud AutoMLから自然言語処理用のGoogle Cloud AutoML Natural Language、機械翻訳のAutoML Translationがリリースされ、執筆時点ではベータ版が利用可能になっています。

1.2.12 2019年 AI Platformの登場

AI PlatformはAIの構築から実行までの一連のサイクルをサポートするプラットフォームです(**図1.5**)。先にも説明しましたが、AIの構築はデータの分析、モデルの作成、学習、実行などのようなフェーズに分けられます。

これまでのAI開発は、フェーズごとに独立した環境を用意しており、フェーズごとに、さまざまな外部のリソースを利用して、プログラミング環境の準備や学習環境の構築を行う必要がありました。AI PlatformはこれらAI開発の一連のフェーズをプラットフォーム化して、それぞれのフェーズを統合的に管理できます。これまでのCloud ML EngineやAutoMLなどは、AI Platformの一部として統合されました。

図1.5 AI Platformの概要

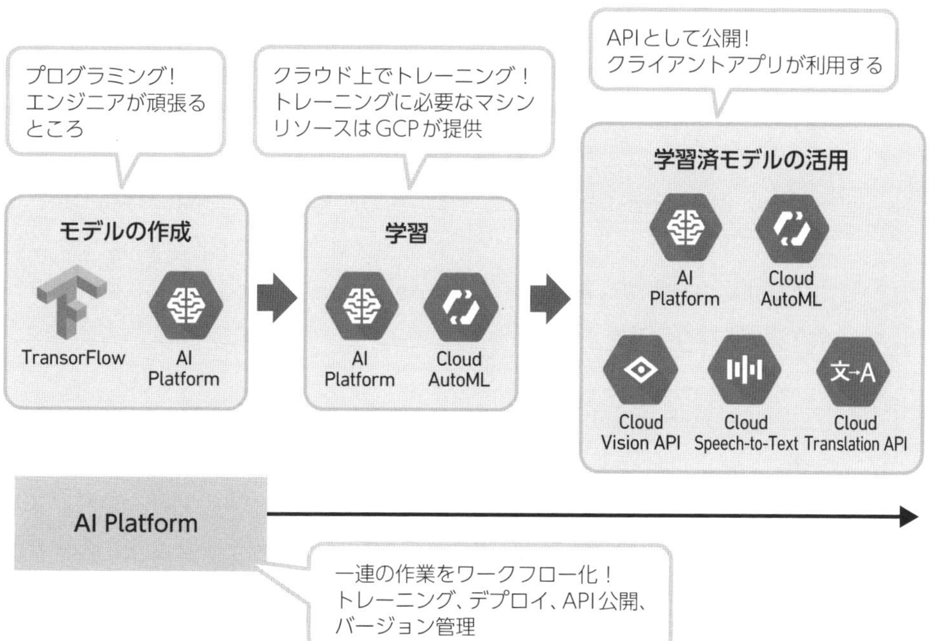

1.2.13 2018年～2019年 マルチクラウドコンテナとサーバーレスコンテナ

2018年にGKE On-Premが発表されました。GKE On-Premは名前のとおりオンプレミス環境でもGKEの技術をそのまま使うことできるようにしたものです。それだけではなくオンプレミスで動いているクラスタもGKEで動いているクラスタもGCPのコンソールから管理できるようになり、さらにオンプレミスとクラウドとのプライベート通信も簡単に提供してくれます。オンプレミスとクラウドと共存という技術に驚かされましたが、今までクラウドに執着していたGoogleがオンプレミスに近づいていく姿勢にも筆者は驚かされました。

翌年の2019年ではAnthosというKubernetesクラスタを統合的に管理するハイブリッド&マルチクラウドプラットフォームが登場しました。これはオンプレミスを含むどのクラウド上（オンプレミス、GCP、AWSなど）にアプリがデプロイされていても、Anthosの管理画面から統合管理できるものです。特徴としては、一度ビルドすればアプリに変更を加えることなくオンプレミスやサードパーティを含めたパブリッククラウドで実行できます。GCP上ではGKE、オンプレミスではGKE On-Prem上で稼働します。Istioと連携することで、アクセス管理やネットワークセグメンテーションによるきめ細かなセキュリティを実現できます。同じく発表されたAnthos Migrateを使用することで、仮想マシンをオンプレミスやほかのクラウドからGKEのコンテナに最小限の労力で直接かつ自動的に移行できます。Anthosの登場でオンプレミスとGCPと他社製のクラウドと共存でき、ベンダーロックインのリスクを避けることもできるようになります。

GKE On-PremとAnthosはコンテナをどのクラスタでも同じように管理できるという特徴で、サーバーありきの世界ですが、同2019年にサーバーレスコンテナサービスCloud Runが登場しました。Cloud Runとはフルマネージドのサーバーレスコンテナのプラットフォームで、HTTPリクエストを介してステートレスコンテナを実行できます。Cloud Runにコンテナをデプロイすると自動的にアプリにアクセスできるURLを発行してくれます。サーバーのプロビジョニング、構成、管理など、すべてのインフラストラクチャー管理を抽象化しています。また、自動的にゼロからスケールし、不要になったタイミングで勝手にシャットダウンされます。コンテナアプリを必要なときに、必要な時間だけ使うことができるため料金も抑えることができます。Cloud Runはオートスケール機能もサポートしたGoogleらしいフルマネージドのサーバーレスサービスです。

図1.6 Anthosによるマルチクラウド

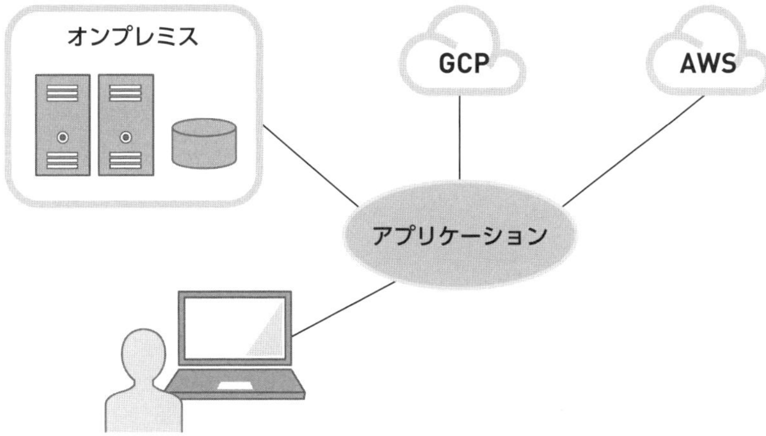

1.3 なぜGCPなのか

たくさんあるパブリッククラウドの中から、どれか1つを選ぶのは難しいと考える方が多いかもしれませんが、筆者のお勧めは間違いなくGCPです。

Googleには、世界規模のクラウドインフラとスケーリング機能があります。GCPのサービスの多くはGoogleが独自開発したもので、Googleは、その技術を論文やオープンソースという形で一般公開しています。GCP上でパブリッククラウドとして利用できるサービスや技術は、Googleの自社サービスでの十分な利用実績があります。

他のパブリッククラウドでビッグデータ分析やコンテナ管理に利用される技術は、その起源をたどると、実はGoogleの技術が関与しているという場合もあります。パブリッククラウドを比較する際は、「安い」「早い」「簡単」「情報が多い」といった話がよく出ますが、GCPには、「Google自身が開発して利用している、実績ある技術」という他にはない特徴があります。

ただし、自社のテクノロジーを使っているからといって、自社ブランドのプロダクトで囲い込むということはせず、Googleクラウドの世界からオンプレミスや他社クラウドとの共存という取り組みを始めているのも他にはない魅力です。

そして、本書のテーマであるGAEは、GCPのクラウドサービスの中でも、もっとも歴史あるサービスです。Googleの最初のクラウドサービスで、Webアプリの開発という限定的な用途でありながら、非常に高い完成度を持っています。GCPの他のサービスについても語りたいことはたくさんありますが、一般的な解説はここまでにして、次章からは本書のメイントピックであるGAEについて説明していきます。

第 2 章

Google App Engine

第2章 Google App Engine

2.1 Google App Engineの種類

一口にGoogle App Engine（GAE）と称していますが、GAEにはスタンダード環境、フレキシブル環境（GAE Flex）の2つの環境があります（**図2.1**）。通常Google App Engineと言えばスタンダード環境のGoogle App Engineのことを指します。また、スタンダード環境には第1世代のGAE（GAE 1st）と第2世代のGAE（GAE 2nd）があります。つまり大別すると、GAE 1st、GAE Flex、GAE 2ndの3種類です。本書ではGAE 2ndを取り上げます。なぜこのような分類になってしまったのか、それぞれどのような違いがあるのか、そもそもGAEとは何か、GAE 2ndでどう変化したのかをその歴史を振り返りながら示します。

図2.1 Google App Engineの種類

2.2 Google App Engineの特徴

GAEはWebアプリケーションにフォーカスをあてたPaaSタイプのクラウドサービスです。次のような特徴があります（**図2.2**）。

- オートスケーリングと負荷分散
- アプリ開発に専念できる
- フルマネージドサービスである

GAEの大きな特徴は、オートスケール機能を備えていることです。アプリケーション（以降、アプリ）に負荷がかかると、それに応じて自動的にスケーリングし、負荷分散が行われます。アプリのインフラはすべてGoogleが管理します。ハードウェアの障害やデータセンターのネットワークの障害などもプラットフォーム側で処理され、障害があってもGoogleがすぐに解決してくれます。デフォルトのデータベースであるCloud Datastoreを使うことで、データベース管理者も必要ありません。そのため、インフラ構築・運用コストを削減でき、開発者は自分のアプリ開発に専念できます。インフラ側の設備を気にすることはありません。リクエストの量や、データベースやHDDのサイズなども気にする必要はなく、膨大なリクエストがきてもプラットフォーム側ですべて管理してくれます。また、開発環境やデプロイ環境の使い分けも可能でローカル環境でテストサーバーを立ち上げてデバッグなどもできます。デプロイもコマンド1つでできます。

図2.2 Google App Engineの特徴

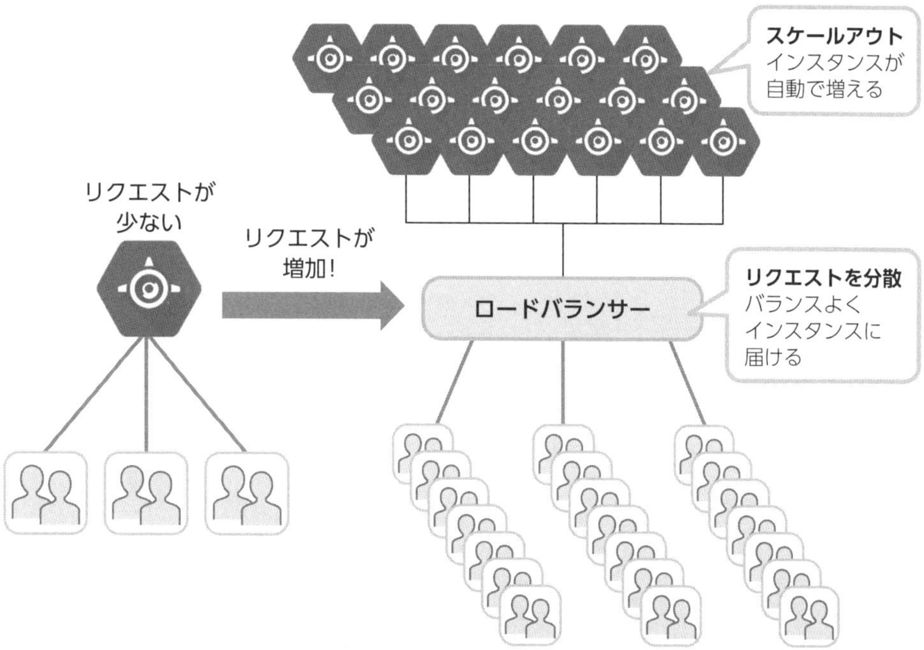

2.2.1 2008年、第1世代のGAEの登場

2008年にGCP最初のサービスとして第1世代のGoogle App Engineが発表されました。GAE 1stはランタイム環境がGoogleのプラットフォーム側で提供されているWebアプリ用のサービスです。Java、Python、Go、PHPなどのプログラミング言語を使って、Webアプリを開発します。しかし、限られたプログラミング言語しかなくバージョンも固定されています。またOSを選ぶこともできませんし、ミドルウェアを入れることもできません。リクエストを30秒以内(現在は1分以内)に返さなければならないなどの制限などがあります。

GAE 1stには次のような特徴があります。

- 基本料金無料
- スケジューリングタスク
- 強力なキャッシュ機能

GAE 1stの特に優れた点はスケーリング機能です。リクエストに合わせてインスタンスが増減するのはGAEの特徴ですが、GAE 1stではリクエストがまったくないときはインスタンスの数を0に抑えてくれます。リクエストの少ないサービスであれば無料で使い続けることもできます。また、急なアクセススパイクにも対応でき、予期しない突然のリクエストの増加でも高速にスケールアウトできます。ほかにも、リクエストを実行するための非同期タスクキューや高速なインメモリキャッシュ機能などがGAE 1stの弱点を補ってくれます。

2.2.2 2016年、GAEフレキシブル環境の登場

GAEフレキシブル環境は、もともとはManaged VMsと呼ばれていたGAEの機能の名称を変えて、1つの新しいGAEサービスとして提供したものです。フレキシブル環境では、その名前のとおり柔軟にアプリ環境を構築できます。スタンダード環境にあった次のような制限が取り除かれました。

GAE Flexでできること

- プログラミング言語の制限がない
- リクエストのタイムアウトは60分以内まで延長
- ローカルファイルにアクセス可能

- サードパーティ製ライブラリにすべて対応
- SSH接続によるデバッグ

制限以外にもスタンダード環境とは次の点で異なります。

- 使用可能なコンテナランタイムが異なる
- スタンダード環境に比べてスピンアップが遅い

2.2.2.1 コンテナランタイムが異なる

スタンダード環境はランタイム環境がGoogleのインフラ上で提供されていて、アプリに必要な環境はすべて用意されています。Webアプリ本体となるインスタンスはGoogle固有のコンテナとして実行されます。それに対してフレキシブル環境はGoogle固有のコンテナは使わず、GCEのVM（Virtual Machine：仮想マシン）上でDockerコンテナとして実行されます。

図2.3 コンテナランタイムの違い

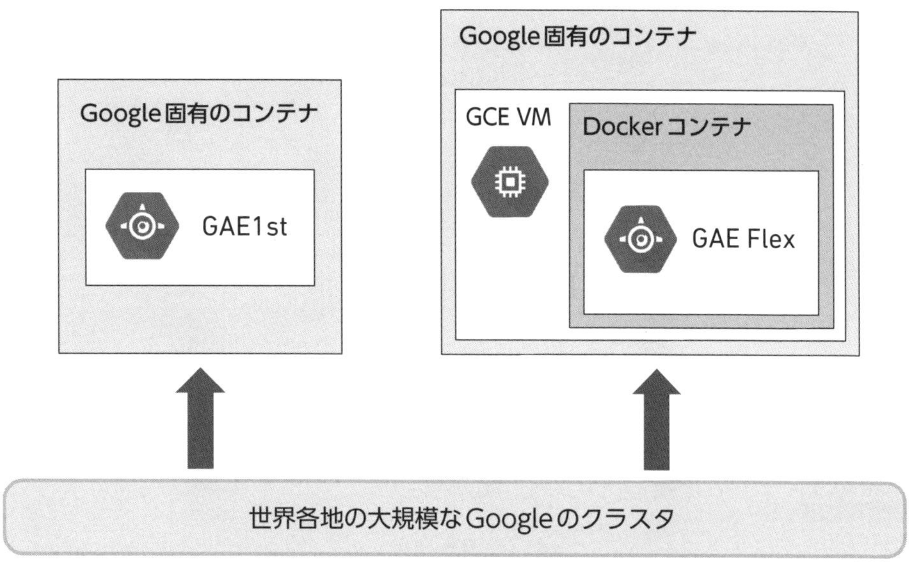

2.2.2.2 スタンダード環境に比べてスピンアップが遅い

フレキシブル環境ではDockerコンテナをGCEのVM上で実行しますが、残念なことに1つのVM上では1つのコンテナしか稼働できません。そのため、GAE Flexアプリのスピンアップは、VMの起動から始まり、Dockerコンテナの起動、そして、コンテナ内のGAE Flexアプリという順番になり、VMの起動時間が大きく影響します（**図2.4**）。高速なスケーリングが売りのGAEですが、フレキシブル環境では、高速に起動できるというコンテナのメリットが失われます。また、GAE 1stのようにインスタンスの数が0になることはなく、無料枠もありません。

何でもできるGAE Flexですが、GAEの最大のセールスポイントである高速なスケールアウトというメリットが損なわれた点が悔やまれます。

図2.4 GAE 1stとGAE Flexの違い

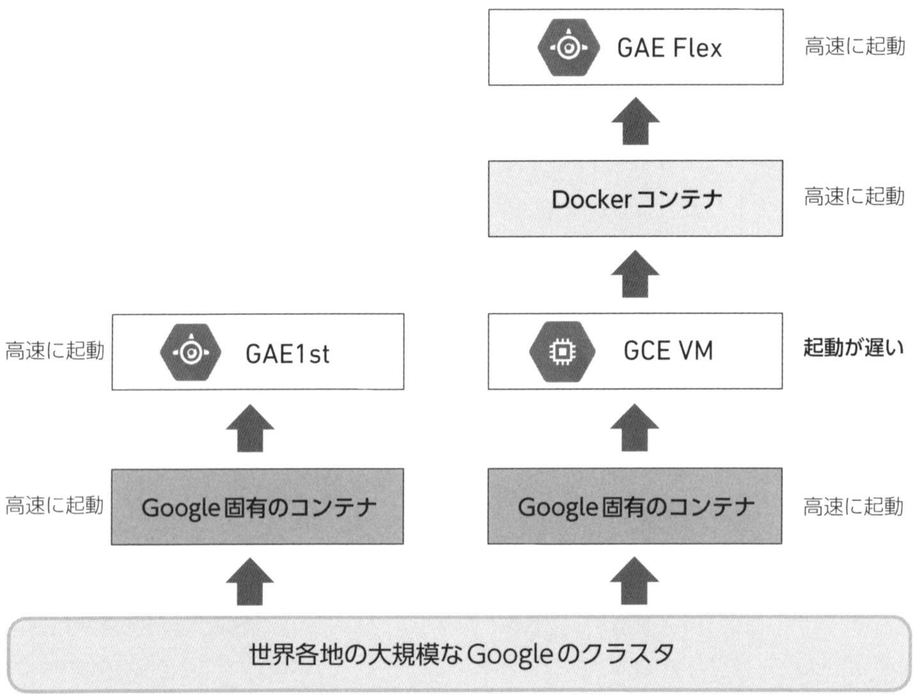

2.2.3 2018年第2世代のGAEの登場

2018年に第2世代のGAEが発表されました。GAEが登場してから10年目の出来事でした。次にGAE 1stの特徴と制限をもう一度示します。

特徴

- 簡単にスケールできる

- 簡単に開発を進めることができる
- フルマネージドサービスである

制限

- 最新バージョンのプログラミング言語に未対応
- 1分以内でのリクエスト処理が必須
- ローカルファイルにアクセスできない
- サードパーティ製ライブラリはホワイトリスト方式

GAE 2ndは、これらのGAE 1stの制限の多くを取り除きました。それ以外にも機能を強化したり、マイクロサービスを意識した実装になりました。

2.2.3.1 GAE 2ndで対応するプログラミング言語とライブラリ

まず、サポートするプログラミング言語が次のように変わりました。

- Python 3.7
- Java 8、11
- PHP 7.2
- Node.js 10
- Go 1.11、1.12
- Ruby 2.5

また、サポートするライブラリがホワイトリスト（GAEで使用を承認されたライブラリの一覧）方式から変わり、任意のものをサポートするようになりました。1stでは、ホワイトリストに掲載されているライブラリだけしか使うことができませんでしたが、GAE 2ndでは任意のライブラリを利用できるようになったのです。使い慣れたライブラリやフレームワークを利用できます。これによってGAE上で実現できることも大幅に増えました。GAE Python 3.7であれば、NumPy、Pandas、scikit-learnなどのライブラリを実行できるので、学習済みモデルを使ったオンライン予測もGAE 2ndではできるようになりました。

2.2.3.2 ローカルファイルシステムにアクセス

コンテナのローカルファイルシステムにアクセスできるようになりました。`/tmp`というディレクトリにファイルを一時的に書き込むことができます。

2.2.3.3 外部ネットワークへのアクセス

基本的にURL Fetch APIを使って外部ネットワークにアクセスする必要がありましたが、ネイティブライブラリのサポートにより使い慣れたライブラリでのアクセスが可能になりました。

2.2.3.4 クラウドクライアントライブラリ

クラウドクライアントライブラリをサポートするようになりました。これによって、すべてのGCPサービスにアクセスできるようになりました。

2.2.4 閉じていたGAEの環境の変化

GAE 1stでは、言語のランタイムを変更するのは不可能でしたが、それ以外の制限はGAE 1stでも回避できました。GAE 1stには、これらの制限を回避する手段が用意されており、たとえば、代表例にTaskQueueサービスがあります。GAE 1stでは1分以内にリクエストを処理しなくてはならないという制限がありますが、TaskQueueサービスを使用すれば非同期に処理を行うことができます。そこで時間のかかる処理はTaskQueueを使って対応していました。ほかにも、GAE 1stだけで次のようなことができました。

- Datastoreによるバックグラウンドで動くスケーラブルなデータベース（2016年にCloud DatastoreとしてGCPのサービスとなる）
- Memcacheによる、高パフォーマンスなインメモリキャッシュ機能
- cronによる、ジョブスケジューリング
- User ServiceによるGoogleアカウントを使った認証
- Image Serviceによる画像変換

以上のようなサービスがGAEというWebアプリのプラットフォームをとても使いやすいものにしてくれました。一方で、これらのGAE専用のサービスの存在は他のGCPのサービスと比べてGAEを非常に独立性の高いサービスにしています。他のGCPサービスは複数のサービスと連携して利用することが多く、マイクロサービスを実現しやすくしていますが、Webアプリ開発にGAEを選択すると、他のサービスとの連携を必要とせず、GAE 1stだけで完結することもあります（**図2.5**）。

一方、GAE 2ndになると、積極的にGCPのサービスと連携するようになりました。たとえば、TaskQueueはCloud Tasksに置きかわり、cronはCloud Schedulerで行うことができます。ほかにもクラウドクライアントライブラリが使えるようになったため、

Spannerのように今までGAEからは使えなかったようなサービスを使えるようになりました。

GAE 1stしか使えないサービスが形を変えてGCPの新しいサービスとなり、GAE以外でも使えるようになりました。GAE 2ndでは、これらの新しいサービスを使うことで閉じたGAEの世界からマイクロサービスを意識して、他のGCPと連携したアプリ開発ができるようになりました（**表2.1**）。

●**表2.1** GAE 1st VS GAE 2nd

機能	GAE 1st	GAE 2nd
非同期処理	TaskQueue	Cloud Tasks
インメモリ	memcache	Cloud Memorystore
ジョブスケジューリング	cron	Cloud Scheduler
データベース	Cloud Datastoreと限られたDBサービス	Cloud Datastoreを含むすべてのDBサービス
認証	User Service	Google Identity Platform, Firebase認証、Cloud Identity-Aware Proxy

図2.5 GAE 1stとGAE 2ndのサービス連携の違い

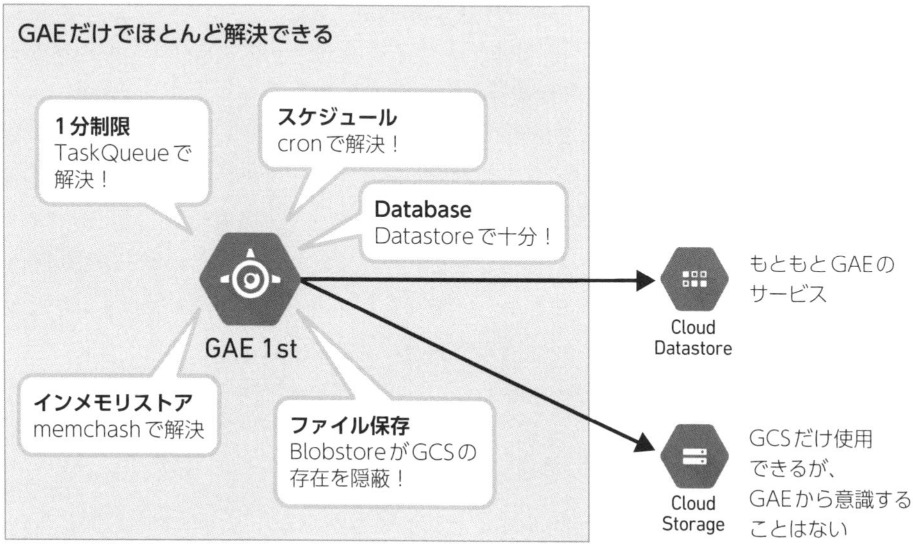

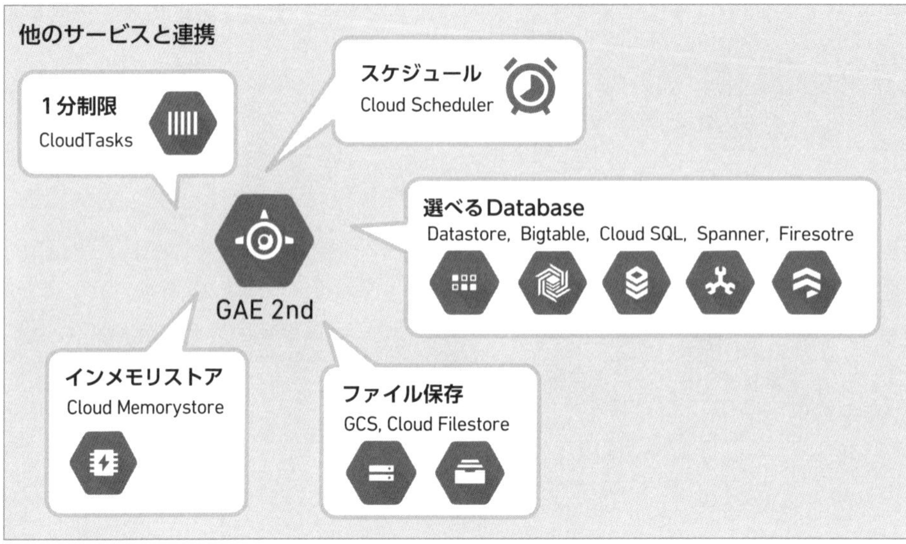

2.3 GAEの目指すところ

GAEの目指すところはNoOpsなフルマネージドサービスです。インフラの管理はGoogleが代わりにやってくれます。リクエストの増減を気にすることなく運用できます。セキュリティパッチも常に最新のものを当ててくれます。Google Cloud Security Scannerというサービスを使えば、アプリの脆弱性も発見できます。従来のWebアプリ環境では、アクセススパイクへの対応やビッグデータの活用には、非常に多くのマシンリソースを事前に用意する必要があり、ハードウェア障害の対応なども含めて、インフラ管理者の多大なコストを必要としました。また、たくさんのマシンを用意するということは事前に購入する必要があり、初期費用が高くなります。エンジニアは開発以外の多くのことをしないといけませんでした。クラウドになった場合、IaaSの世界ではハードウェアの管理は不要になりましたが、運用の基本は同じでどうしても人間がやらないといけない部分が出てきます。そのコストをすべてアプリ開発に変えることができれば、ユーザビリティの高いアプリが開発できます。これらをクリアするのにGAEは最適なソリューションです。簡単に始めることができ、運用コストも抑えられるGAEですが、使いこなすためには十分な理解とその思想を知っておく必要があります。冒頭でも述べたように、本書ではGAE 2ndを取り扱います。これ以降では、GAEと言えば、GAE 2ndのことだと考えてください。

第3章

開発環境の構築

第3章 開発環境の構築

3.1 GAEアプリケーションの開発環境を準備する

この章では、「Google Cloud Platformのプロジェクトの作成方法」と「Google Cloud Shellの概要と使い方」について説明します。また、前提条件として、Googleアカウントを持っていることと、Linuxの基本的なコマンドを理解してることとします。

3.1.1 Google App Engineアプリケーションの開発環境

GAEアプリケーションの開発環境に最低限必要なものは、「Googleアカウント」と「Chromeブラウザ」だけです（**表3.1**）。驚くことに2019年11月現在では、これだけで、アプリケーション（以降、アプリ）開発ができます。ほかのアプリ開発と違って、Java SDK（Software Development Kit；ソフトウェア開発キット）を入れたり、JRE（Java Runtime Environment；Java実行環境）をインストールする必要はありません。また、EclipseやInteliJなどのIDE（Integrated Development Environment；統合開発環境）すら必要ありません。GoogleアカウントとChromeさえあれば、誰でもGAEのアプリ開発ができ、面倒な環境構築とは無縁です。ただし、すべてをブラウザだけで解決しようとするため、インターネットに接続が必須なことと、回線速度の影響をダイレクトに受けることになります。そのため、実務ではまだまだローカルでの開発環境の構築が必要なケースがありますが、本書ではローカルでの開発環境構築については割愛します。

●**表3.1 開発環境**

目的	ツール
ブラウザ	Chrome
コマンドライン	クラウドシェル
エディター	コードエディター

3.2 GCPプロジェクトとは

BigQueryやCloud Storage、Compute Engineなどの、すべてのGoogle Cloud Platformのリソースは、GCPのプロジェクトに属します。そのため、これらのサービスを利用するには、最初にGCPのプロジェクトを作成して、次に使用したいサービスを有効化する必要があります。また、一部のサービスは有料となっているため、課金設定を行う必要があります。GAE（Google Apps Engine）もまた、GCPのリソースですので、GAEのアプリを作成するにはGCPのプロジェクトを利用しなければなりません。GCPのプロジェクトはGoogleアカウントと紐付いていて、1つのGoogleアカウントに対して、複数のプロジェクトを作成できます（**図3.1**）。プロジェクトを作成した人がプロジェクトオーナーとなり、オーナーがメンバーを招待することで1つのプロジェクトを複数のユーザーで共有できます。

通常はGCPのプロジェクト単位で開発を行い、プロジェクト単位でユーザーの管理を行います。また、請求先アカウントというものがプロジェクトのメンバーとは別にあり、GCPの有料サービスを使ったときに発生する料金を支払うためのアカウントとして使います。請求先アカウントは複数のプロジェクトで使い回すことができます。

図3.1 Googleアカウントでログイン

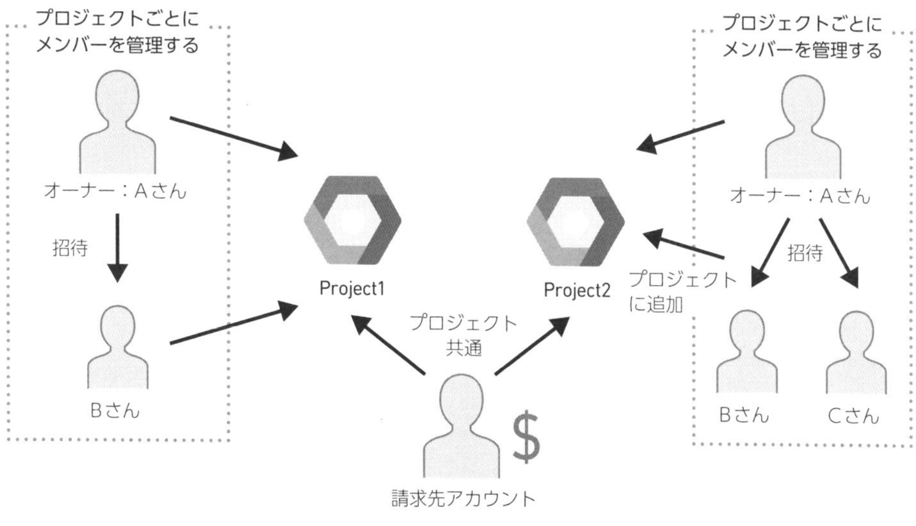

3.2.1 Google Cloud Identity & Access Management (IAM)

GCPでは誰が、どのリソースに対して、どんなアクセス権を持っているかをGoogle Cloud Identity & Access Management (IAM) という機能で管理します。

1つ以上のリソースに対するアクセス権限の集合を役割と呼び、役割はリソースごとに細かく設定することもできれば、プロジェクト全体に対する役割を使ってすべてのリソースに対する強い権限を設定することもできます。

たとえばGCPのプロジェクトを作成した人はGCPプロジェクトに対するオーナーの役割を持っています。**これはプロジェクト作成者はGCPのすべてのリソースに対する管理者権限を持っている**ということになります。そのため、プロジェクトオーナーはコンソール画面を自由に操作することもできるし、gcloudコマンドを使ってもパーミッションエラーで弾かれることもありません。プロジェクトにメンバーを招待することもでき、メンバーに役割を設定することもできます。

3.2.2 プロジェクトとアプリケーションは1対1

1つのGCPプロジェクトに複数のGAEアプリを含めることはできません。そのため本書ではExampleアプリ用のGCPプロジェクトとGuestBookアプリ用のGCPプロジェクトを個別に用意します。また、実務では案件とプロジェクトは1対1と考えるかもしれませんが、開発現場において、通常案件というのは1つの環境だけを進めるものではありません。開発環境、ステージング環境、本番環境のように通常は実行環境を複数用意しますので、これに対応して、環境ごとに1対1でGCPのプロジェクトを用意します（**図3.2**）。

図3.2 GCPでの開発環境

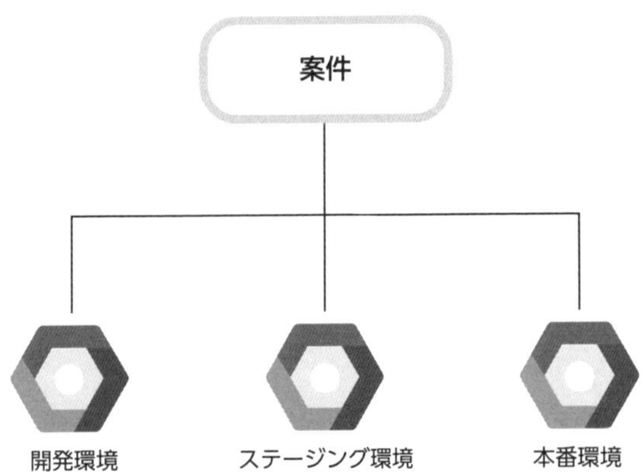

本書では学習を目的としているため、1つのアプリに対して1つの学習環境用のプロジェクトを用意していますが、実務ではほとんどの場合で複数用意して使うことになります（**図3.3**）。

図3.3 本書での開発環境（学習用のため1つ）

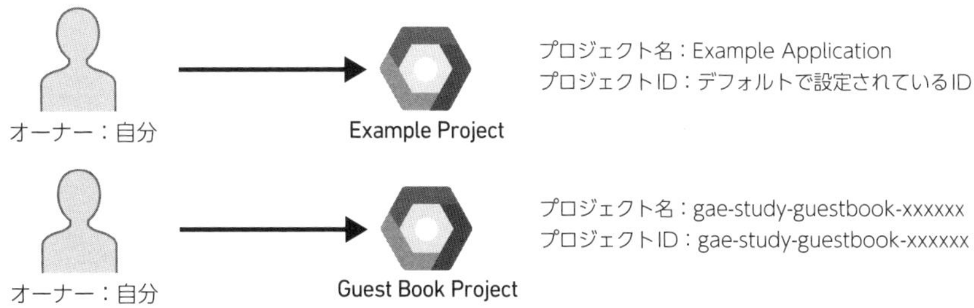

3.3 GCPプロジェクトを作成する

GCPのプロジェクトを作成する方法について説明します。PCからChromeを起動し、次のURLにアクセスし、GCPのコンソールを開きます。

```
https://console.cloud.google.com/
```

Googleアカウントでログインします（**図3.4**）。

図3.4 Googleカウントでログイン

初回起動時は**図3.5**のようなダイアログが表示されるので、利用規約にチェックをいれて［同意して続行］をクリックします。

図3.5 利用規約の同意

次に、無料トライアルに登録します（**図3.6**）。本書ではいくつかの有料サービスを使用するため、請求先アカウントを作成する必要があります。画面上部の［有効化］ボタンをクリックします。

図3.6 請求先アカウントの作成

利用規約にチェックを入れて［続行］をクリックします（**図3.7**）。

図3.7 Google Cloud Platformの無料トライアル［ステップ1/2］

フォームの必須フィールドを入力して、［無料トライアルを開始］ボタンをクリックします（**図3.8**）。

図3.8 Google Cloud Platformの無料トライアル［ステップ2/2］

図3.9のダイアログが表示されたら［スキップ］をクリックします。

図3.9 Google Cloud Platform「使ってみる」

「My First Project」というGCPプロジェクトが作成されており、ダッシュボードが表示されていることを確認します（**図3.10**）。

図3.10 GCPプロジェクトの「My First Project」作成

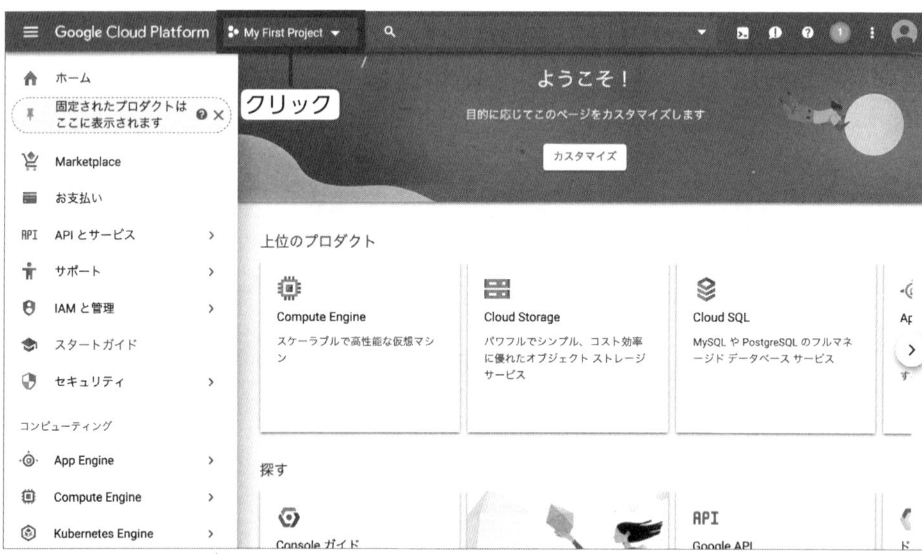

My First ProjectはExampleアプリ用のプロジェクトとして使います。プロジェクト名がMy FirstProjectだとわかりにくので、プロジェクト名を変更します（**図3.11**）。画面

上部の［Google Cloud Platform］のロゴをクリックし、［ダッシュボード］を表示します。［ダッシュボード］の［プロジェクト情報］パネルの［→プロジェクト設定に移動］をクリックします。

図3.11 Google Cloud Platformの［ダッシュボード］

［IAMと管理］の［設定］画面が表示されるので、プロジェクト名を「Example Application」に変更して［保存］ボタンをクリックします（**図3.12**）。

図3.12 Google Cloud Platformから「プロジェクト名の変更」を行う

コンソール画面の左上の「Google Cloud Platform」をクリックしてダッシュボードに戻り、プロジェクト名が「Example Application」になっていることを確認します。

3.3.1 GuestBookアプリケーション用のGCPプロジェクトを作成する

ツールバーの［Example Application］のプルダウンメニューをクリックすると、プロジェクト選択のダイアログが表示されるので、右上の［新しいプロジェクト］クリックします（**図3.13**）。

図3.13 ［Example Application］の作成

図3.14のように［プロジェクト名］に任意のプロジェクト名を入力します（本書ではgae-study-guestbook-123456）。このときにプロジェクトIDがプロジェクト名と一致しているほうが望ましいです。プロジェクトIDは［編集］をクリックすると任意のプロジェクトIDを指定できますが、プロジェクトIDは世界で一意となる必要があります。プロジェクト名が既存のプロジェクトIDと重複していなければ、プロジェクト名と同じ名前でプロジェクトIDが自動で設定されます。

図3.14 新しいプロジェクト［gae-study-guestbook-123456］

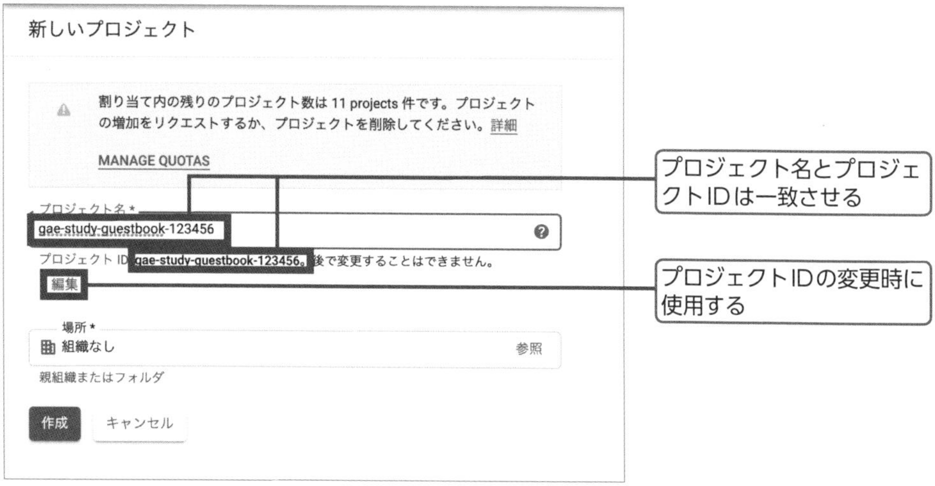

［作成］ボタンをクリックすると、ダッシュボード画面が表示され、右上のアラートアイコンが回転し、プロジェクト作成のメッセージが表示されるので、作成完了するまで待ちます（**図3.15**）。

図3.15 プロジェクトの作成

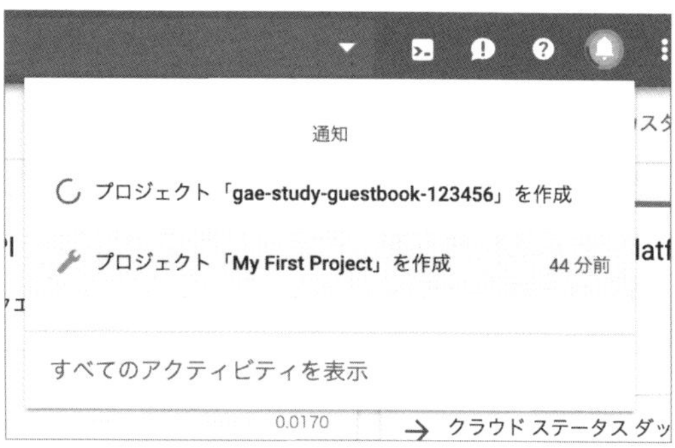

アラートアイコンの回転が止まり、作成が完了したら、ツールバーのプロジェクト欄を再びクリックし、プロジェクト一覧ダイアログを表示します。新規作成したGuestBookプロジェクトが存在することを確認し、プロジェクト名をクリックします（**図3.16**）。

図3.16 作成したプロジェクトの選択

ツールバーのプロジェクト名がGuestBookプロジェクトに切り替わってることを確認します（**図3.17**）。

図3.17 プロジェクト名がツールバーに表示される

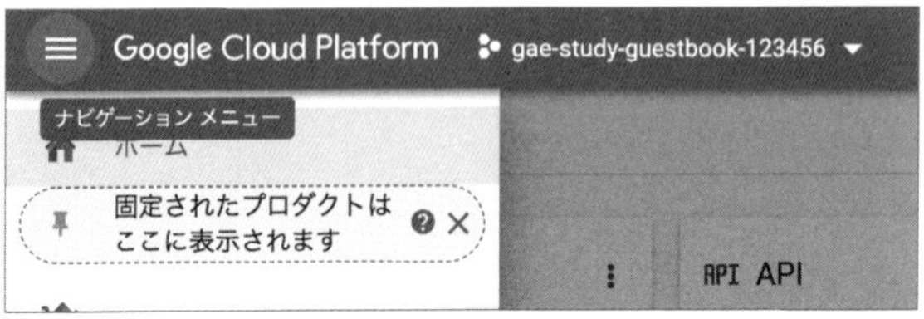

最後にプロジェクト情報を確認するために、左上のナビゲーションメニューボタンをクリックしてサイドメニューを非表示にし、プロジェクト名、プロジェクトIDを確認します（**図3.18**）。すでにサイドメニューが非表示の場合は、ナビゲーションメニューをクリックする必要はありません。

図3.18 作成したプロジェクト名の確認

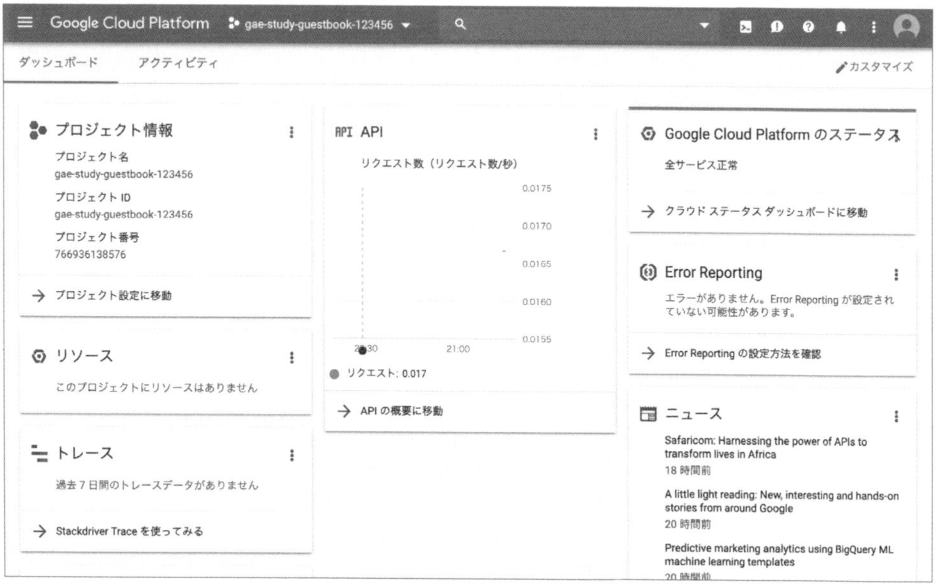

これでGCPプロジェクトの作成は完了です。本書では以降はExampleアプリとGuestBookアプリのGCPプロジェクトIDのことを次のように表記します。

- Exampleアプリのプロジェクト ID：**<EXAMPLE_PROJECT_ID>**
- Guest Bookアプリのプロジェクト ID：**<GUESTBOOK_PROJECT_ID>**

3.4 Google Cloud Shellとは

Google Cloud Shell（以降、クラウドシェルと呼称）は、ブラウザベースのコマンドラインツールです。見た目がターミナルに似ており、Linuxのコマンドや、GCPを操作するための`gcloud`コマンドを利用できます。

クラウドシェルは裏側でGCE（Google Compute Engine）の仮想マシン（VM）が起動しており、Debian GNU/LinuxベースのLinuxOSのイメージが使われています。

また、GCPを操作するために必要となるGoogle Cloud SDKがインストールされているほか、Python、Java、PHPなどの主要なプログラミング言語や、Git、Docker、Gradleなどのツールもインストールされています。

ブラウザで操作するので、Windowsのようなデフォルトのターミナルアプリが未インストールのOSでも、クラウドシェルを使うことで、簡単にGoogle Cloud SDKや、ほかのツールをインストールすることなく、GCPのプロジェクトとリソースを管理できます。

また、クラウドシェルは名前のとおり、クラウド上に環境が用意されているので、複数のPCを使って作業したいときにも有効です（**3.19**）。

図3.19 Google Cloud Shellの概要

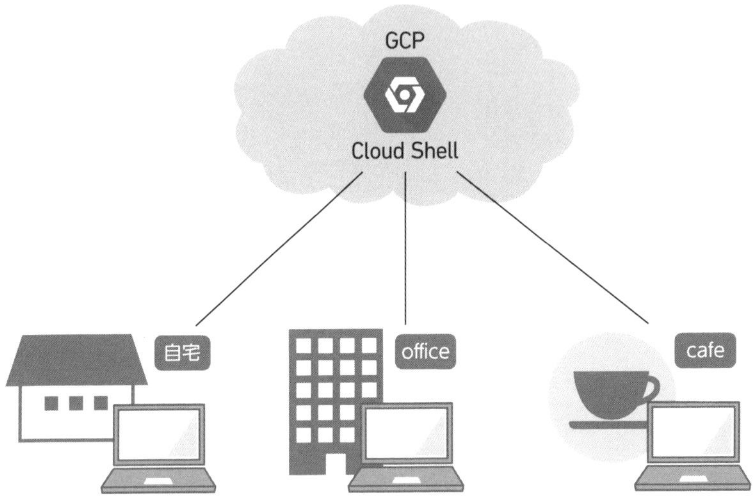

クラウドシェルのホームディレクトリはGoogleアカウントに紐(ひも)付いています。クラウドシェルを起動すると、GCEのVMがプロビジョニングされて、アカウントごとに用意されたホームディレクトリがマウントされます。このホームディレクトリは、プロジェクトをまたいでアクセスできるので複数のプロジェクトでデータを共有できます。そのため本書ではexampleとguestbookのアプリケーションルートフォルダをホームディレクトリに作成します。

3.4.1 クラウドシェルの使い方

クラウドシェルはクラウドコンソールから起動できます。**図3.20**の右上の、クラウドシェル起動アイコンをクリックすると、画面下部にクラウドシェルのビューが表示されます。表示直後はクラウドシェルの接続中メッセージが表示され、しばらくすると見慣れたターミナルの画面になります。これで、クラウドシェルの起動は完了です。

図3.20 クラウドシェルの起動

クラウドシェルはウィンドウから切り離すことができます。クラウドシェルのツールバーより、アイコンをクリックすると、画面が切り離されて独立したクラウドシェルウィンドウが表示されます（**図3.21**）。

図3.21 クラウドシェルウィンドウ

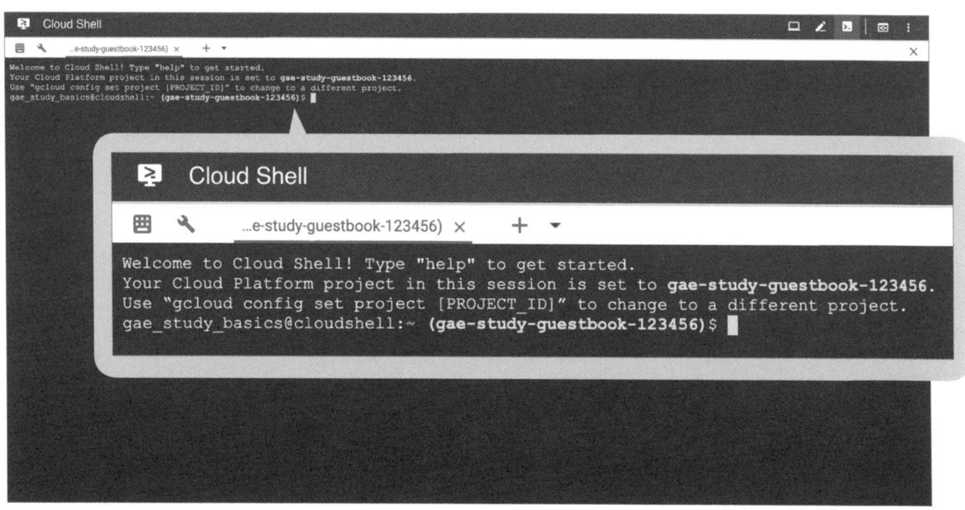

クラウドシェルが起動すると、コマンドを入力できます。試しに作業ディレクトリを作成してみましょう。本書で作成するアプリはすべてこのフォルダ以下に作成します。クラウドシェルに次のコマンドを入力します。

```
$ mkdir gae-study
```

次にディレクトリが作成されていることを確認し、作業ディレクトリを移動します。

```
$ ls
gae-study README-cloudshell.txt
$ cd gae-study
```

次に、ファイルを新規作成して、テキストエディターで内容を編集してみましょう。本書ではテキストエディターはコードエディターを使います。

3.5 コードエディターとは

本書では、プログラミングのテキストエディターとして、クラウドシェルコードエディターを使用します。コードエディターは、Webブラウザで動作するIDEのEclipse Orionをベースとして開発されました。コードエディター使うことで、Chrome上でファイルやフォルダの新規作成、ファイルの表示や編集を行うことができます。また一部のプログラミング言語の構文をシンタックスハイライトで表示できます。

3.5.1 コードエディターを使う

クラウドシェルのツールバーの鉛筆アイコンをクリックすると、コードエディターを起動できます（**図3.22**）。画面の左側には、ディレクトリーツリーが表示され、クラウドシェルのホームディレクトリ以下のファイルやディレクトリが確認できます。ファイルまたは、ディレクトリをクリックすると、右側にファイルの内容や、ディレクトリ内の一覧が表示されます。また、右クリックするとプルダウンメニューが表示され、そこからファイルやフォルダの作成、削除、名前の変更などができます。同様のことが、画面上部のメニューからもできます。

図3.22 コードエディター

では、先ほど作成したディレクトリを右クリックして、[New File] をクリックし、“sample.py” という名前のファイルを作成します（**図3.23**）。

図3.23 “sample.py” ファイルの作成

次に、ファイル内容を次のように変更します。コードエディターはデフォルトで自動保存が有効になっているため、修正をしたら数秒以内で変更が保存されます。

```
print('Hello GCP!!!')
```

次に、クラウドシェルに戻り、次のコマンドを実行し、Pythonアプリを起動しましょう。

```
$ python sample.py
Hello GCP!!!
```

「Hello GCP!!!」というメッセージが確認できます。

2019年11月現在ではpython コマンドを実行すると次のようなメッセージが表示されます。

```
$ python sample.py
********************************************************************************
Python command will soon point to Python v3.7.3.
Python 2 will be sunsetting on January 1, 2020.
See http://https://www.python.org/doc/sunset-python-2/
Until then, you can continue using Python 2 at /usr/bin/python2, but soon
/usr/bin/python symlink will point to /usr/local/bin/python3.
To suppress this warning, create an empty ~/.cloudshell/no-python-warning file.
The command will automatically proceed in  seconds or on any key.
********************************************************************************
Helo GCP!!!
```

3.5.2 Python3の環境を用意する

コードエディターを起動している状態でも、コマンドを入力できます。クラウドシェルのPythonのバージョンを確認してみましょう。

```
$ python-V
Python 2.7.13
```

デフォルトではPython2.7になっています。ではPython3系のバージョンはどうなっているでしょうか。

```
$ python3 -V
Python 3.7.3
```

Python3.7になっているのが確認できます。GAE 2ndではPython3系の環境で動かす必要があります。

3.5.2.1 仮想環境を用意する

GAEアプリ開発用にクリーンなPython環境を用意するために、以下のコマンドでvenvをインストールします。venvとはPython標準の仮想環境を作るための標準ライブラリです。同一システム内に複数のPython仮想環境を作成できるため、プロジェクトごとにクリーンなPython環境の作成や削除が可能となります。

```
$ sudo apt-get install -y python3-venv
```

GuestBookアプリ用の作業ディレクトリを作成するため、次のコマンドを入力します。

```
$ mkdir guestbook
$ cd guestbook
```

GAE 2nd用に/envという仮想環境を用意し、有効にします。

```
$ python3 -m venv env
$ source env/bin/activate
```

Pythonのバージョンを確認します。Python3.7になっていることを確認します。

```
$ python -V
Python3.7.3
```

本書ではGuestBookアプリの他にもExampleアプリを作成するので同じことを繰り返します。まずは、GuestBookアプリの仮想環境を無効化します。

```
$ deactivate
```

次に、Exampleアプリの作業ディレクトリと仮想環境を作成して有効にします。

```
$ cd $HOME/gae-study
$ mkdir example
```

```
$ cd example
$ python3 -m venv env
$ source env/bin/activate
```

ターミナルの先頭文字に（env）と追加されていることを確認してください（**図3.24**）。

図3.24 ターミナルで環境の確認

最後にPythonのバージョンを確認します。

```
$ python -V
Python 3.7.3
```

コードエディターのディレクトリツリーが**図3.25**のようになっていることを確認します。

図3.25 ディレクトリツリーの確認

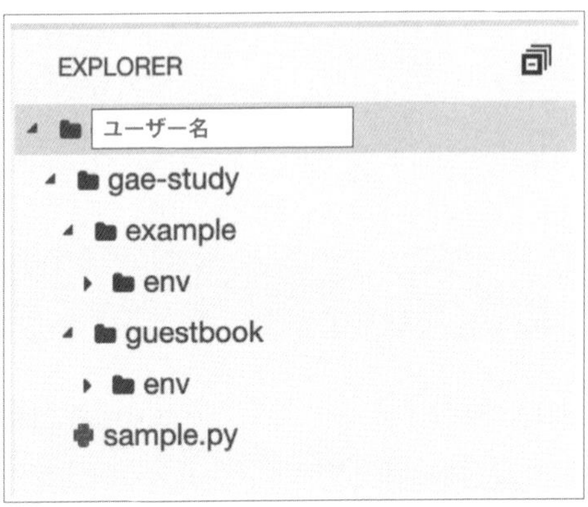

これで、開発環境の準備は完了です。準備といってもGCPのプロジェクトを作成しただけですが、たったそれだけで、GCPのサービスを利用できるだけでなく、アプリの開発環境まで提供されているところがGCPの素晴らしいところです。本書の学習で気をつけてほしいことは、**GuestBookアプリとExampleアプリでそれぞれ仮想環境を用意していることです。**それぞれのアプリ作成のときに仮想環境の切り替えを行うよう

にしてください。次の章から、実際にGAEアプリの開発を進めていきます。クラウドシェルやコードエディターの操作に不安な方は、本章を振り返ってもう一度使い方を覚えてください。

column 「なぜ仮想環境を使うのか」

Pythonではアプリ開発を行うときは、それぞれ独立したPythonの環境を用意します。この独立した環境を仮想環境と呼びます。仮想環境というと「VMWare」とか「VirtualBox」のようなOSレベルの仮想化が有名ですが、Python環境の仮想化はそこまで大げさではありません。1つのPCを使って複数のアプリを開発したり、1つのアプリの開発を複数人で行うなどはよくあることです。複数人で開発する場合、それぞれの開発者のPCによって、インストールされているPythonのバージョンやパッケージが異なることがあります。それぞれで自由にPythonのバージョンを変えたり、パッケージのインストールやアップデートを繰り返していると、いつの間にか相性の悪いパッケージがインストールされて動かなくなったり、「あの人の環境では動くけど、別の人の環境では動かない」ということが起きてしまいます。そのような場合に、アプリごとに独立したPython環境があると、パッケージの衝突や相性の問題などを解決できます。新しいアプリを開発するときは新たに仮想環境を用意し、アプリ開発を中断して、別のアプリ開発の作業を行うときは環境の切り替えをする——というような使い方ができるため、ある人のPCでは動かないとか相性の悪いパッケージをいつの間にか使っていたということを避けられます（**図3.26**）。

図3.26 仮想環境による開発環境の切り分け

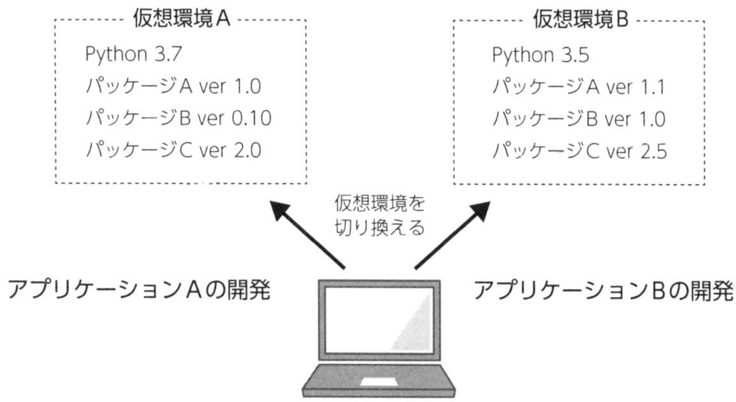

3.5.3 2回目以降の初期設定

クラウドシェルはCompute Engineの一時的なVMインスタンスです。そのため、永続的な実行は保証されず長時間使用しない場合はインスタンスがシャットダウンされます。ユーザーのホームディレクトリ（/home/<ユーザー名>）以下は5GBまでの永続的ディスクが使われるため作成したプログラムやディレクトリやファイルなどは保存されていますが、クラウドシェルにインストールしたツールなどは削除された状態になります。また、ホームディレクトリも120日間以上クラウドシェルにアクセスがない場合は削除されるので気をつけてください。公式サイトでは次のように記載[注1]されています。

> *Cloud Shellセッションを支える仮想マシンインスタンスは、Cloud Shellセッションに永続的に割り振られているわけではなく、セッションが非アクティブな状態が1時間続くと終了します。インスタンスが終了すると、$HOME以外での修正はすべて無効となります。*

つまり、1時間を超える未使用状態が続いた場合はクラウドシェルは終了し、ホームディレクトリ以外の設定はすべて初期化されるということです。そのため、ブラウザを終了したり、クラウドコンソールからログアウトしたりした場合はクラウドシェルの起動時には、インストールしたPython環境などはすべて無効化されていることがあるので、次のコマンドを実行したほうが安全に学習をすすめることができます。なお、このコマンドは複数回実行しても環境を壊すようなことはありません。

```
$ sudo apt-get install -y python3-venv
```

3.5.3.1 クラウドシェルの注意事項

そのほかにもいくつか注意事項があるので、次にまとめます。

- 未使用時間が1時間を超えるとホームディレクトリ以外は削除される
- ソフトウェアパッケージなどは再インストールする必要がある
- 120日間アクセスしない場合はホームディレクトリ以下も削除される
- ホームディレクトリは5GBまで使用できる
- 環境変数なども初期化されるので、その都度exportまたは.bashrcなどの設定が必

注1　https://cloud.google.com/shell/docs/limitations

要になる
- クラウドシェルがデフォルトで用意している.bashrcファイルを削除してはならない
- クラウドシェルはユーザーごとに用意されている環境なので、GCPのプロジェクトをまたいでデータを共有できる
- 週単位の使用制限があり、使用制限に到達した場合はしばらく使用ができない（確認方法：クラウドシェルの［メニュー］→［使用量の割当］（**図3.27**）

図3.27 使用制限の確認方法

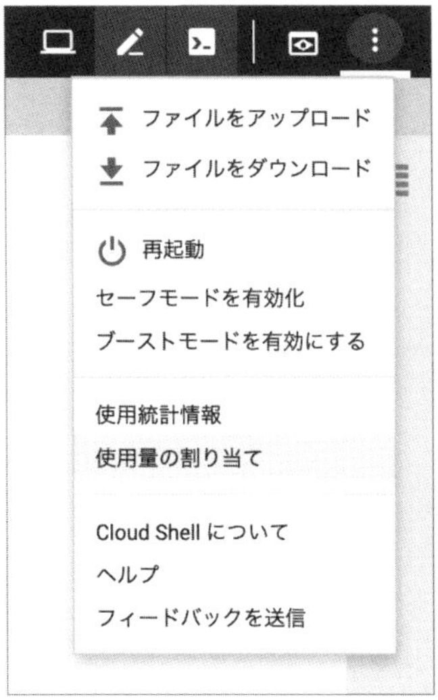

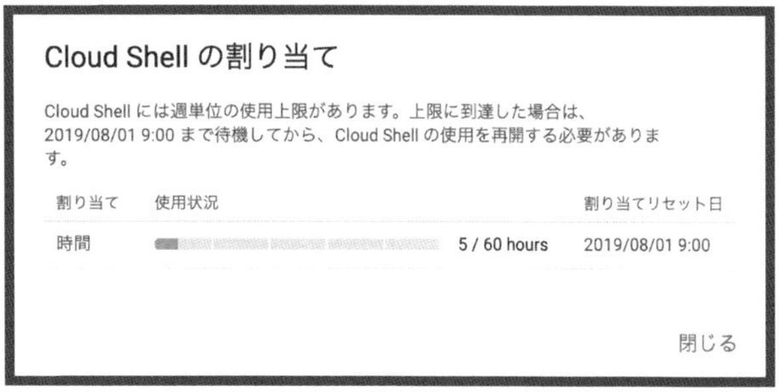

column 「マイクロサービスの場合」

今回のように明らかに目的の異なるアプリはまったく別のGCPプロジェクトをそれぞれ用意しますが、マイクロサービスのような目的ごとに独立したアプリを用意する場合はGCPプロジェクトを分けるわけにはいきません。

マイクロサービスとは、役割ごとに小規模なアプリを作成し、それぞれをAPIで通信して連携するというアーキテクチャです。小さなアプリが連携して1つの大きなアプリを構成します。

マイクロサービスにすることで、スケールしやすく変更に強いアプリができ、また機能ごとに分割されているため大人数での開発でもチーム分けしやすく、それぞ

れで独立した開発環境を使用できます。

マイクロサービスを意識して、大きな1つのアプリを構成するような場合、GAEではサービスと呼ばれる機能を使ってアプリを小さな単位で独立させることができるようになっています。本書ではサービスの使い方は紹介しませんが、より実践的なアプリを作るときは、サービス機能を活用して変更に強いアプリを作成できるようマイクロサービスを意識してください。

第4章

GAE アプリケーション作成

第4章 GAEアプリケーション作成

4.1 最初のGAEアプリケーションを作成する

まずはシンプルなアプリを作成し、実行までのプロセスを解説します。

4.1.1 アプリの作成練習

画面に"Hello World!"というメッセージを表示するだけのシンプルなアプリを作成します。GAEアプリの作成には次のファイルが必要です。

- main.py
- app.yaml
- requirements.txt

これらのファイルがどのように使われるのかを、Exampleアプリの作成を通して示します。作成の手順は次のようになります。

手順

①app.yamlの作成
②requirements.txtの作成
③依存関係のインストール
④main.pyの作成

4.1.1.1 作業フォルダと仮想環境の確認

GAEアプリはフォルダ単位でデプロイできます。そのため、アプリに必要なすべてのファイルが含まれたフォルダをアプリケーションルートとして用意します。クラウドシェルとコードエディターを起動してください。Exampleアプリを作成するため、作業フォルダはexampleとします。次のコマンドを実行して、カレントディレクトリを確認します。

```
$ pwd
/home/<ユーザー名>/gae-study/example
```

exampleディレクトリではない場合は次のコマンドで移動します。

```
$ cd $HOME/gae-study/example
```

次に、仮想環境を有効にします。

```
$ source env/bin/activate
```

これで確認作業ができました。

4.1.1.2 [手順①] app.yamlの作成

exampleフォルダを右クリックして、[New File]を選択し、app.yamlファイルを作成します(**図4.1**)。

図4.1 新規ファイルの作成

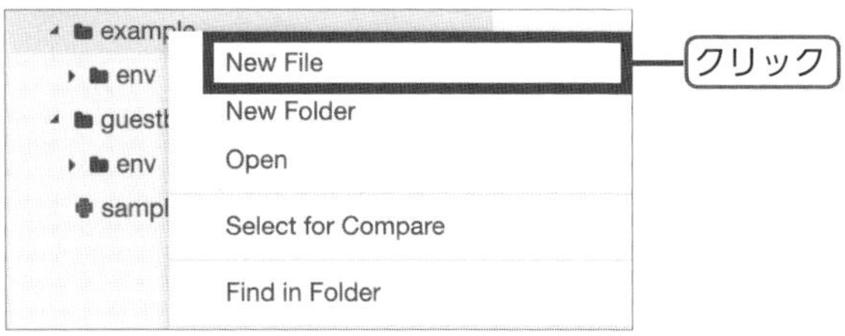

ダイアログに「app.yaml」と入力して[OK]ボタンをクリックします(**図4.2**)。

図4.2 ファイル名の入力「app.yaml」

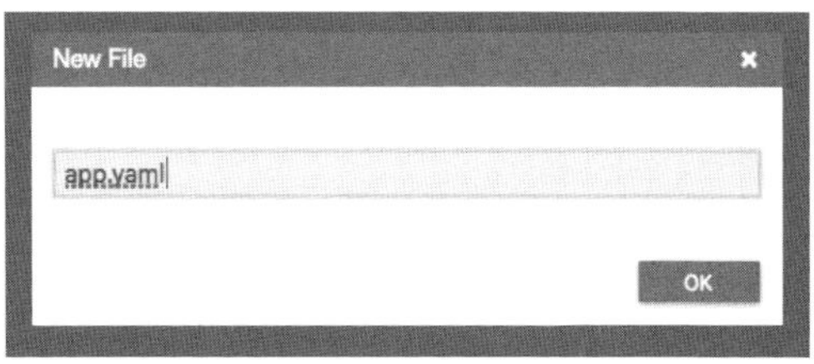

ファイル内容を**リスト4.1**のように変更します。これは、Python3.7のランタイム環境で動かすという意味です。値をpython37にすることでGAE 2ndの環境で実行するア

プリを作成できます。

■ **リスト4.1** GAE 2ndのapp.yaml

```
runtime: python37
```

ここで、GAE 1stとの違いを見てみましょう。GAE 1stでは、app.yamlを**リスト4.2**のように記述していましたが、GAE 2ndでは最低限必要なのは`runtime: python37`の1行だけです。`api_version`、`threadsafe`、`libraries`は廃止予定となっています。すべてのアプリはスレッドセーフであることが保証され、サードパーティ製ライブラリはすべてrequirements.txtで指定します。GAE 2ndではライブラリの制限がなくなったため自由に好きなライブラリを使うことができます。また、urlに対応するハンドラの指定は不要となり、アプリ内ルーティングを備えたWebアプリケーションフレームワーク（FlaskやDjangoなど）を使用するようになりました。GAE 1stではwebapp2というフレームワークが標準で用意されていましたが、GAE 2ndでは、それも記述する必要がなくなりました。

■ **リスト4.2** GAE 1stのapp.yaml

```
runtime: python27
api_version: 1
threadsafe: yes

handlers:
- url: .*
  script: main.app

libraries:
- name: webapp2
  version: latest
```

4.1.1.3 ［手順②］requirements.txtの作成

exampleフォルダ内に**requirements.txt**を作成し、**リスト4.3**の内容で保存します。requirements.txtとは、Pythonのパッケージ管理ツールであるpipが使用するアプリのパッケージ依存関係を記述した設定ファイルのことです。Pythonで開発する場合は、このファイルで依存関係を宣言します。ここではPythonで書かれたWebアプリケーションフレームワークのFlaskを使用します。

■ **リスト4.3** requirements.txt

```
Flask==1.1.1
```

4.1.1.4 [手順③] 依存関係のインストール

パッケージをインストールするには次のコマンドを実行します。

```
pip install パッケージ名
```

Flaskをインストールするにはpip install Flaskと指定します。ファイルに記述されているパッケージをインストールするには-rオプションを使います。「-rファイル名」でファイル名を指定します。今回はrequirements.txtなのでコマンドは次のようになります。

```
$ pip install -r requirements.txt
```

GAEではrequiremnts.txtというファイルを使うと、アプリをデプロイしたときに依存関係が自動的にインストールされます（**図4.3**）。

図4.3 パッケージのインストールとデプロイ

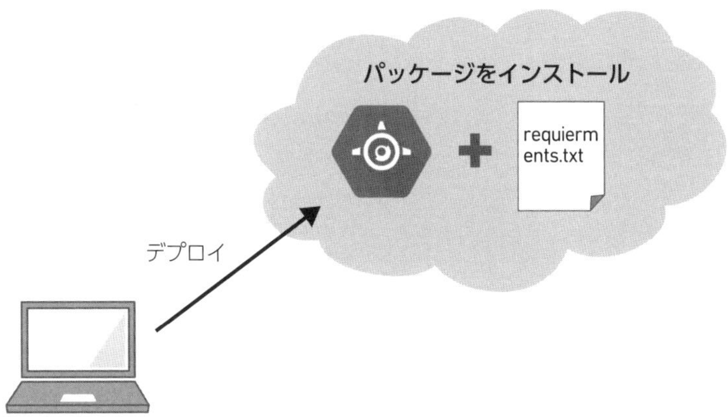

4.1.1.5 [手順④] main.py の作成

同様の手順で、**main.py**ファイルを作成します。このファイルにアプリの内容を記述します。今回は“Hello World!”と表示するアプリを作成します。ファイルの内容を**リスト4.4**のように作成してください。コードの内容は次章で説明します。

■リスト4.4　main.pyサンプル

```
from flask import Flask


app = Flask(__name__)


@app.route('/')
def home():
    return 'Hello World!'


if __name__ == '__main__':
    app.run(host='127.0.0.1', port=8080, debug=True)
```

4.1.2 アプリケーションを実行する

app.yamlとrequirements.txtとmain.pyの3つのファイルを作成しました。exampleフォルダ内は**図4.4**のようになっているのを確認します。

図4.4 exampleフォルダ内の確認

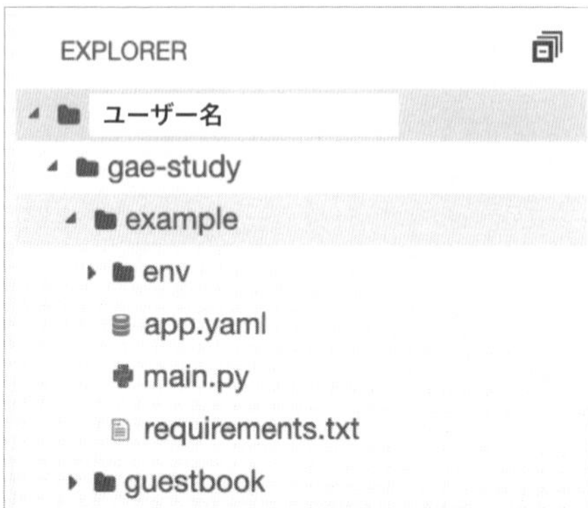

動作確認のために、次のコマンドを実行してクラウドシェルのVM上でアプリを起動します。

```
$ python main.py
```

図4.5のようなメッセージが出力されることを確認します（「Debugger PIN」の値は毎回変わります）。

図4.5 main.pyの実行結果

```
$ python main.py
* Serving Flask app "main" (lazy loading)
* Environment: production
WARNING: Do not use the development server in a production environment.
Use a production WSGI server instead.
* Debug mode: on
* Running on http://127.0.0.1:8080/ (Press CTRL+C to quit)
* Restarting with stat
* Debugger is active!
* Debugger PIN: 235-785-434
```


4.1.3 動作確認

クラウドシェルの［ウェブプレビュー］ボタンをクリックして［ポート上でプレビュー 8080］を選択します（**図4.6**）。

新しいタブが起動し、**図4.7**のような内容のWeb画面が表示されることを確認します。

図4.6 クラウドシェルで確認

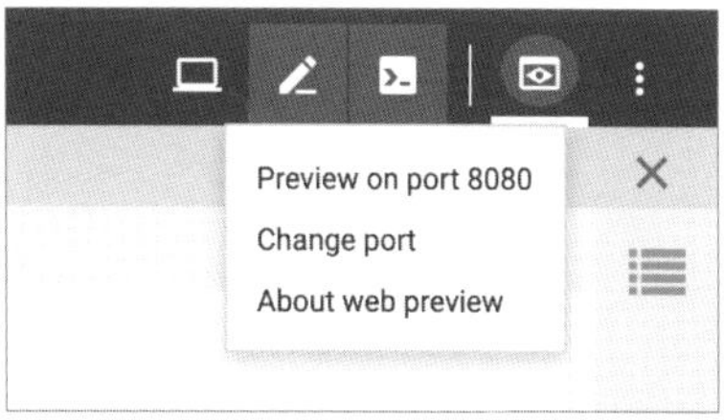

図4.7 Web画面で結果表示

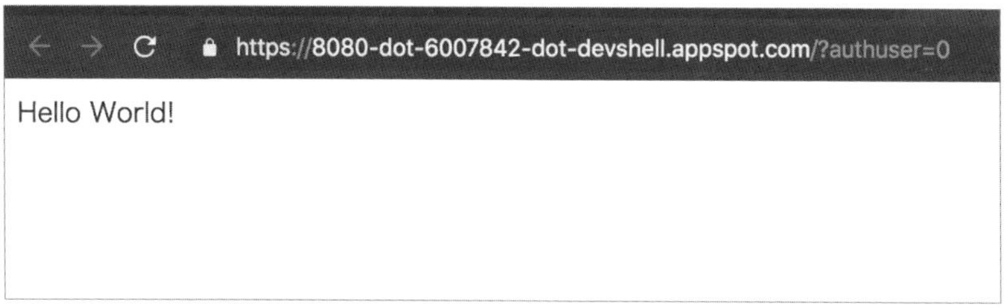

ローカルで開発している場合は、URLは「http://127.0.0.1:8080」で確認できますが、クラウドシェルの場合は「https://8080-dot-xxxxxx-dot-devshell.appspot.com/」のようなURLで確認できます。これはCloud Shellの仮想マシンインスタンスでWebアプリを実行するための開発用サーバーのURLが用意されるためです。本書では書面の都合上、ク

ラウドシェル上のGAE開発サーバーのURLでも「http://127.0.0.1:8080/」と表記します。

確認ができたら、クラウドシェルでキーボードのCommand+C（Windows環境の場合はCtrl+C）を押してアプリを終了します。

4.2 アプリケーションのデプロイ

アプリをデプロイしてインターネットでも見られるようにしましょう。デプロイとは、作成したWebアプリをサーバーにアップロードし、システムを利用可能な状態にすることです。ここでは、クラウドシェル環境で動いているアプリを、Googleのクラウドサービスにアップロードし、インターネット経由で誰からも利用可能な状態にします。

4.2.1 デプロイの方法

GAEアプリをデプロイするには、gcloud app deployコマンドを実行します。作成したGAEアプリを、どのGCPプロジェクトに対してデプロイをするのかはgcloud config listコマンドで確認できます。

手順

①デプロイ先のGCPプロジェクトの確認
②デプロイする

4.2.1.1 [手順①] デプロイ先のGCPプロジェクトの確認

gcloud config listコマンドを実行して、プロジェクトIDがデプロイ先のGCPプロジェクトIDと一致していることを確認します。クラウドシェルを起動したときに開かれていたGCPプロジェクトがプロジェクトIDに設定されています。ここではExampleアプリをデプロイするので、デプロイ先のGCPプロジェクトは<EXAMPLE_PROJECT_ID>となっていることを確認してください。

```
$ gcloud config list
[core]
account = <Googleアカウント>
disable_usage_reporting = False
```

```
project = <GCPプロジェクトID>  ここの値を確認する
```

プロジェクトIDが違っている場合は、次のコマンドで変更できます。

```
$ gcloud config set project <プロジェクトID>
```


4.2.1.2 [手順②] デプロイする

gcloud app deploy コマンドを実行して、アプリをデプロイします。この際、カレントディレクトリがアプリのルートディレクトリになっていることを確認してください。

カレントディレクトリを確認します。

```
$ pwd
/home/<ユーザー名>/gae-study/example
```

アプリをデプロイします。

```
$ gcloud app deploy ./
```

どのリージョンにデプロイするか聞いてくるので、ここでは[2] asia-northeast1（東京リージョン）を選択します。キーボードの 2 を入力します（**図4.8**）。

図4.8 リージョンの選択

```
Please choose the region where you want your App Engine application
located:
 [1] asia-east2    (supports standard and flexible)
 [2] asia-northeast1 (supports standard and flexible)
 [3] asia-south1   (supports standard and flexible)
 [4] australia-southeast1 (supports standard and flexible)
 [5] europe-west   (supports standard and flexible)
 [6] europe-west2  (supports standard and flexible)
 [7] europe-west3  (supports standard and flexible)
 [8] northamerica-northeast1 (supports standard and flexible)
 [9] southamerica-east1 (supports standard and flexible)
 [10] us-central    (supports standard and flexible)
 [11] us-east1      (supports standard and flexible)
 [12] us-east4      (supports standard and flexible)
 [13] us-west2      (supports standard and flexible)
 [14] cancel
Please enter your numeric choice: 2
```

次に「Do you want to continue (Y/n)? 」と問われたら Y を入力して Enter します。

```
Do you want to continue (Y/n)?  y
```

これでデプロイは完了です。

4.2.2 動作確認

デプロイが完了したら、コンソール画面から［メインメニュー］→［App Engine］を選択します。GAEのダッシュボードが表示され、右上のURLをクリックします（**図4.9**）。以降、本書ではExampleアプリのURLをhttps://<EXAMPLE_PROJECT_ID>.appspot.comと表記します。

図4.9 GAEのダッシュボード

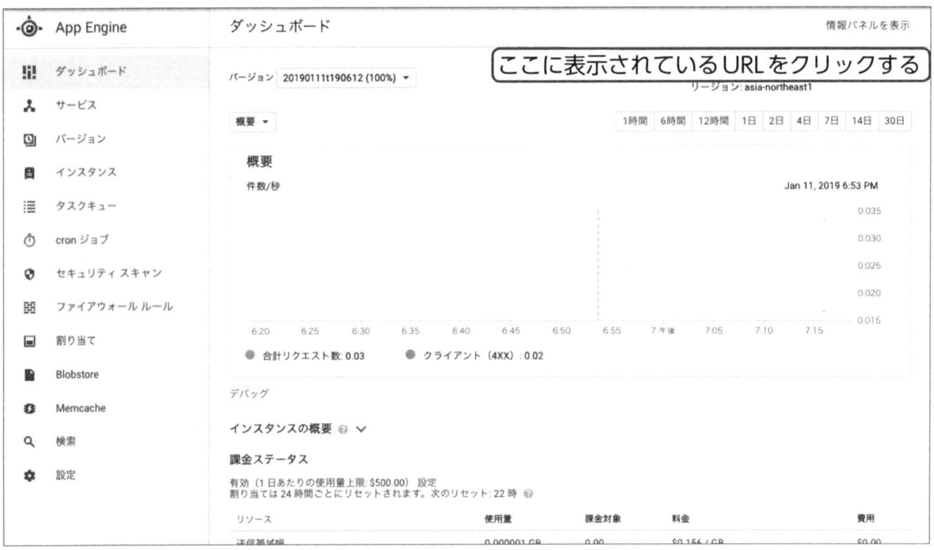

図4.10のような画面が表示されていることを確認します。

図4.10 動作確認画面

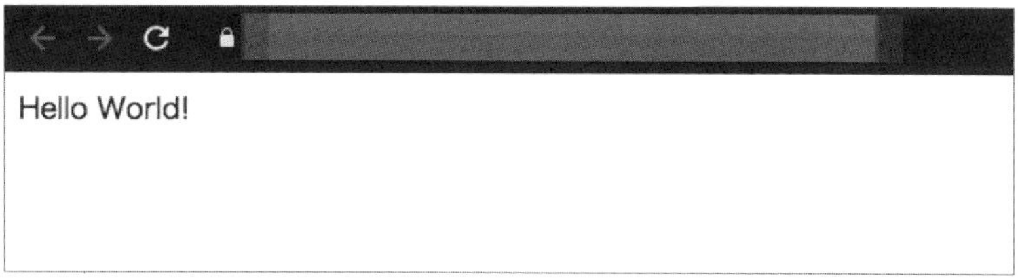

4.3 デプロイバージョンを管理する

GAEでは、デプロイしたアプリに複数のバージョンを用意できます。それぞれのバージョンに「リクエストを全体のどのくらい届けるか」というトラフィック量を調整できます（**図4.11**）。この機能を使うことで、アップデートしたアプリを簡単にロールバックしたり、カナリアリリースなどの手法を使ったデプロイのバージョン管理が可能となっています。

図4.11 デプロイの概念図

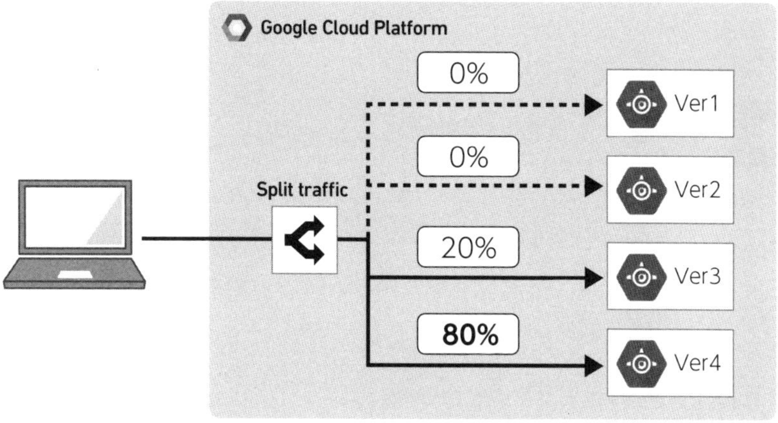

4.3.1 新しいバージョンをデプロイする

では実際にバージョン管理機能を使ってみましょう。GAEのアプリをデプロイすると自動的に新しいバージョンが作られます。main.pyの内容を**リスト4.5**のように変更して、新しいバージョンをデプロイしましょう。

■リスト4.5 main.pyの修正

```
@app.route('/')
def home():
    return 'Hello World!!!!'
```

次のコマンドを実行して、デプロイします。

```
$ gcloud app deploy
```

Webページを更新して、表示メッセージが「Hello World!!!!」になっているのを確認しましょう（**図4.13**）。

図4.13 修正したコードの実行

4.3.2 トラフィック量を調整する

次に、古いバージョンにすべてのリクエストが向かうようにトラフィックを制御します。コンソール画面から［メインメニュー］→［App Engine］→［バージョン］を選択します。バージョンの一覧が表示され、一番上の最新バージョンにトラフィック割り当てが100%になっているのが確認できます（**図4.14**）。

図4.14 トラフィック割り当ての確認

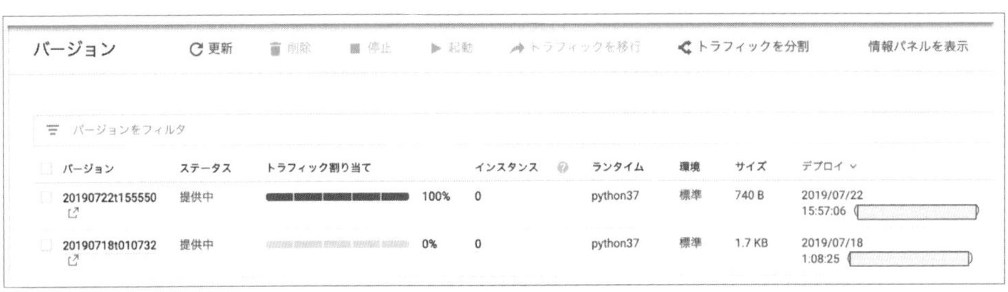

1つ前のバージョンに①チェックを入れて、②[トラフィックを移行] ボタンをクリックします。③確認ダイアログが表示されるので、[移行] ボタンをクリックします。

図4.15 [移行] ボタンをクリック

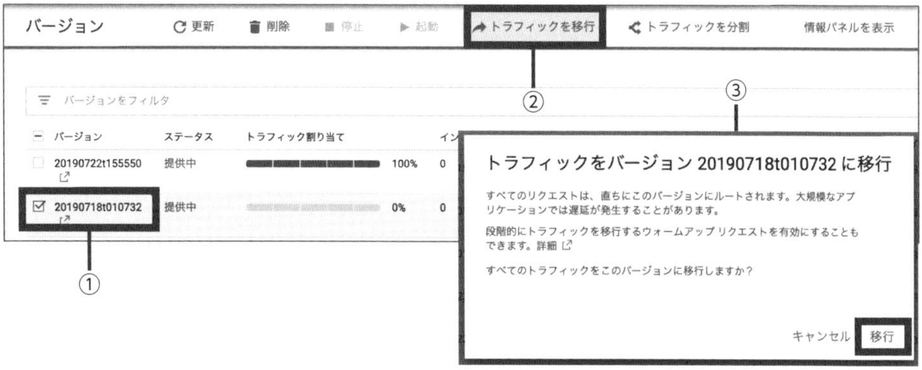

しばらくすると画面が更新されて、1つ前のバージョンのトラフィック割り当てが100%になっているのが確認できます（**図4.16**）。

図4.16 トラフィックの割り当てが変更された確認

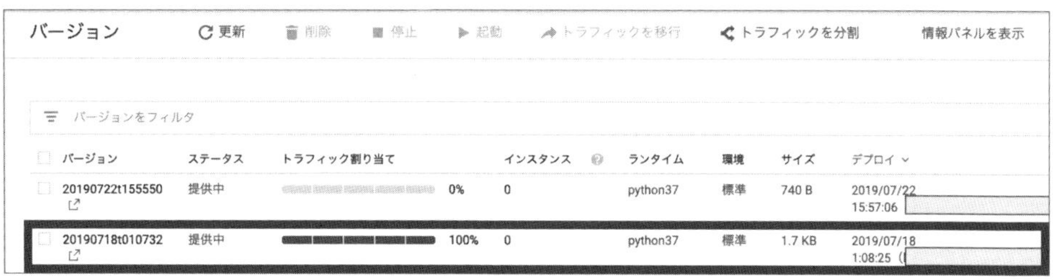

4.4 [実習] アプリケーションの作成

では、最後にGuestBookアプリを使ってその作成からデプロイまでの一連の流れを復習します。

4.4.1 アプリケーション作成の手順

手順は次のとおりです。

手順

①app.yamlの作成

②requirements.txtの作成

③依存関係のインストール

④main.py の作成

4.4.1.1 作業フォルダと仮想環境の確認

実習ではGuestBookアプリを使うので、作業フォルダと仮想環境、gcloud configの設定がGuestBookアプリの設定にします。次のコマンドを実行して、作業フォルダと仮想環境の設定を確認しましょう。

```
$ cd $HOME/gae-study/guestbook
$ source env/bin/activate
$ gcloud config set project <GUESTBOOK_PROJECT_ID>
```

作業フォルダを移動し仮想環境を有効にします。仮想環境を変更するだけなのでdeactivateコマンドで仮想環境を無効化する必要はありません。

4.4.1.2 [手順①] app.yaml の作成

Exampleアプリと同じ内容でapp.yamlを作成します。

4.4.1.3 [手順②] requirements.txt の作成

Exampleアプリと同じ内容でrequirements.txtを作成します。

4.4.1.4 [手順③] 依存関係のインストール

requirements.txtを作成したら、次のコマンドで依存関係をインストールします。

```
$ pip install -r requirements.txt
```

4.4.1.5 [手順④] main.py の作成

Exampleアプリと同じ内容でmain.pyを作成します。

4.4.2 動作確認

まずはローカル環境で確認します。次のコマンドを実行します。

```
python main.py
```

クラウドシェルの［ウェブプレビュー］ボタンをクリックして［ポート上でプレビュー 8080］を選択して“Hello World!”と表示されてることを確認します。

次にアプリをデプロイして、本番環境でも“Hello World!”と表示されてることを確認します。

4.4.3 解答

完成コード「guestbook_deploy」を確認してください。

4.5 アプリ作成のまとめ

本書で進め方を最後に振り返ります。

- 各章ごとに Example アプリを使って機能単位のアプリを開発する

……次のコマンドを実行して、作業フォルダと仮想環境を有効にし、`gcloud config` の設定を変更します。

```
$ cd $HOME/gae-study/example
$ source env/bin/activate
$ gcloud config set project <EXAMPLE_PROJECT_ID>
```

- 実習用の GuestBook アプリを使ってアプリに機能を追加する

……次のコマンドを実行して、作業フォルダと仮想環境を有効にし、`gcloud config` の設定を変更します。

```
$ cd $HOME/gae-study/guestbook
$ source env/bin/activate
$ gcloud config set project <GUESTBOOK_PROJECT_ID>
```

以上の作業を繰り返しますので間違えないようにしてください。仮に間違えたとしても、作業フォルダと仮想環境の有効化と`gcloud config`の設定を変更しなおせば問題ありません。本書ではExampleアプリのGCPプロジェクトにGuestBookアプリを間違えてデプロイしてしまったり、その逆をしても特に影響はありませんので安心して学習を続けてください。

4.6 課金上限を設定する

GAEのリソースは一日の課金上限を設定できます。これによって大量のアクセスが発生したときもコストを抑えることができます。

4.6.1 設定方法

GAEの［設定］画面から［編集］ボタンをクリックします（**図4.17**）。

図4.17 GAEの［設定］画面

次にアプリの［1日の使用量］に1日の上限金額をドルで設定します。ここでは1ドルを指定しています。［保存］ボタンをクリックします（**図4.18**）。

図4.18 使用料金設定

設定画面に戻り、［1日の使用量］が1ドルに設定されていることを確認します（**図4.19**）。

図4.19 アプリケーションの設定で、［1日の使用量］を確認

以上で設定は完了です。これで1日に1ドル以上の料金が発生することはありません。上限金額に達した場合はすべてのオペレーションは失敗します。詳細は公式サイトを確認してください（**図4.20**）。

図4.20 公式サイトでの確認
(https://cloud.google.com/appengine/pricing?hl=ja&_ga=2.53194273.-889356392.1566897795#spending_limit)

第5章

Web アプリケーション概要

第5章 Webアプリケーション概要

5.1 モダンなWebアプリケーション

Webアプリのアーキテクチャーは変化の動向が激しく、以前はサーバーサイドでHTMLを生成するサーバーサイドレンダリング（SSR）が主流でしたが、最近はクライアント端末の多様化により、クライアントサイドでHTMLを生成するクライアントサイドレンダリングが主流となりました。

古くは静的HTMLの表示から始まり、動的なHTMLの作成、プログラム埋込み型のHTMLやMVCフレームワークなどの登場がありました。さらに携帯電話がインターネットに接続できるようになり、クライアントに合わせてHTMLを組み立てることの複雑化が顕著になってきました。一方クライアントの方でも変化が起き、Ajaxの登場でクライアントサイドレンダリングが注目されるようになりました。加えてiPhone、Androidなどのスマホやタブレットなどのモバイル端末の普及によってクライアントが多様化され、サーバーサイドレンダリングの限界が来ました。

現在ではサーバーはAPIエンドポイントを用意してクライアントのリクエストに対してJSONを返し、クライアント側でビューを組み立てるという手法が一般的になってきています。JavaScriptのフレームワークも多様化しており、Single Page Application（SPA）と呼ばれるページ遷移が発生しない単一のWebページだけで構成された実装方法が注目されるようになってきました。

その一方でSPAにサーバーサイドレンダリングを組み合わせたハイブリッドなレンダリングが流行りだしてきています。今後どうなってくるかはわかりませんが、少なくともレガシーなサーバーサイドレンダリングが流行ることはなくなっていると言って良いでしょう。本書でもなるべくモダンな開発を意識してREST APIベースのWebアプリを作成します（**図5.1**）。

図5.1 Webアプリの発展

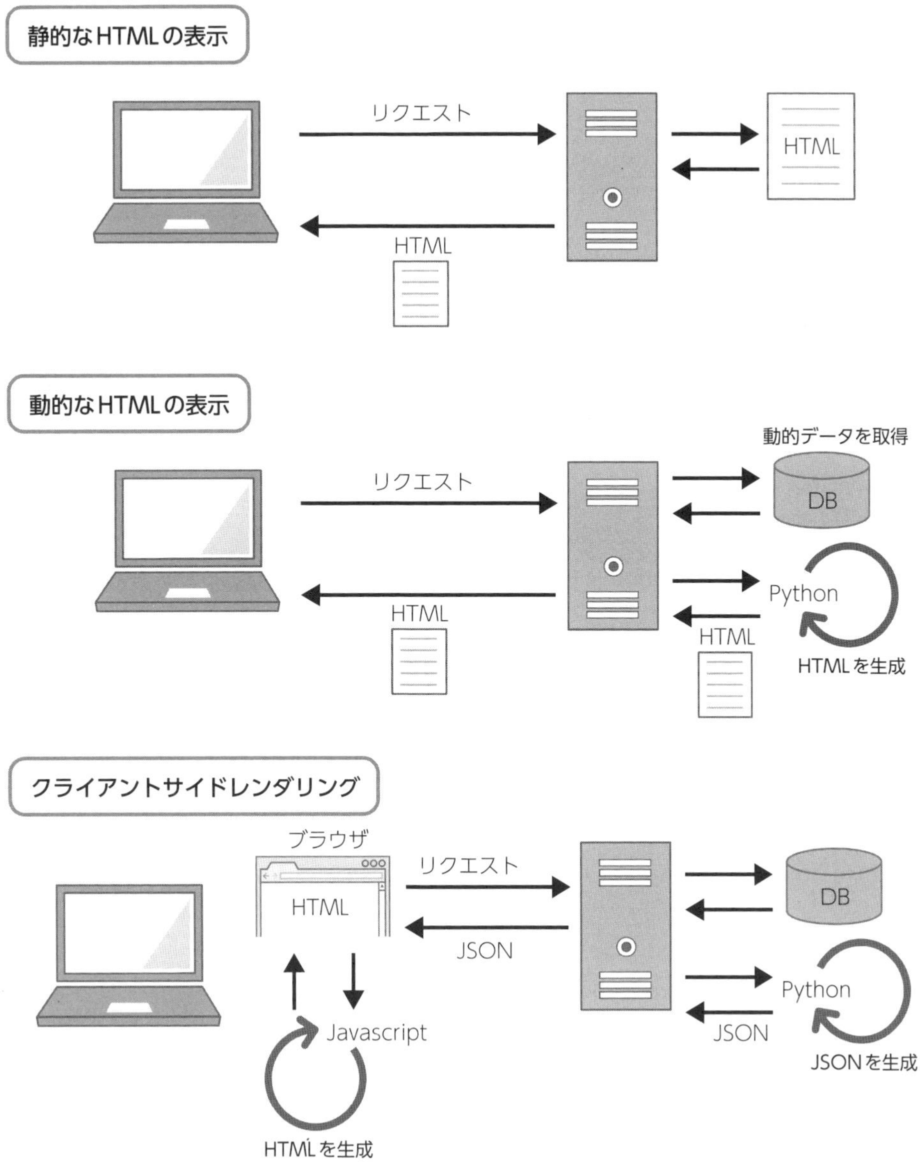

本書の対象読者はWeb APIの基本を理解していることを前提にしていますが、この章で簡単にWeb APIとRESTについて触れておきます。**図5.2**に本書で扱うWebアプリの全体図を示しました。

図5.2 本書で扱うWebアプリ概要

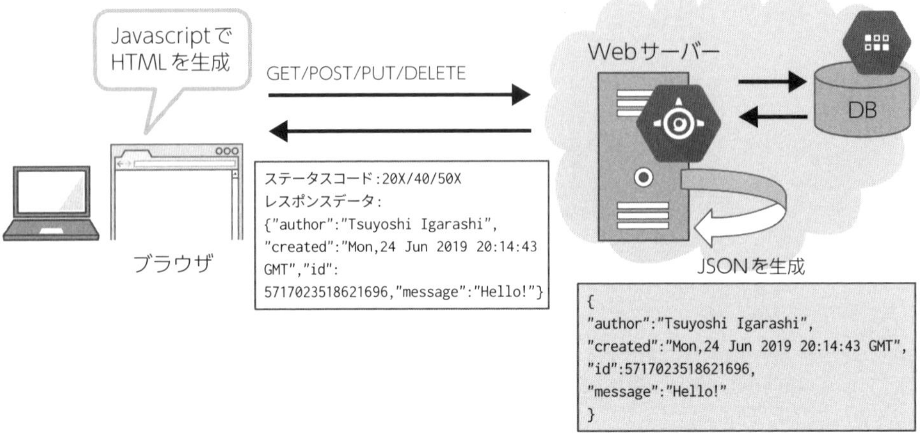

column 「サーバーサイドレンダリングとクライアントサイドレンダリング」

動的なHTMLを返す方法として大きく2つの方法があります。サーバーサイドでHTMLを生成してクライアントに返すサーバーサイドレンダリングとサーバーはHTMLを作成するための動的な情報をJSONなどのフォーマットで返し、JSONを解析してブラウザなどで動くJavaScriptでHTMLを生成するクライアントサイドレンダリングです。 いずれも、どこでHTMLを作成するかが違うだけで、できあがったHTMLは同じものになります。最近ではサーバーサイドでJavaScriptを実行してHTMLを生成して返すという、新しいサーバーサイドレンダリングという言葉がありますが、本書では古い方を指します。

サーバーサイドレンダリングの利点はサーバーでHTMLを生成するため、高速に処理できることですが、できあがったHTMLを返すため、ページの一部だけの更新ができず、地図のスクロールをしたいときでも画面全体を更新しなくてはいけません。また、サーバーでHTMLを作成するためクライアントの画面サイズや解像度に合わせたHTMLを都度作成する必要があります。スマホやタブレットなどクライアントの多様化に対してサーバーサイドのプログラムですべて対応しないといけないため、実装が複雑になってしまいます。

一方クライアントサイドレンダリングはレスポンスでJSONなどのフォーマットでデータを受け取りクライアントアプリが解析してHTMLを生成するため、ページの一部の更新や、クライアントの多様化にも各クライアントアプリが対応するだけで済みます。デメリットもありますが、メリットの方が大きく、現在はクライアントサイドレンダリングが主流となっています。

5.2 Web APIとは

Web APIはWeb Application Programming Interfaceの略で、サーバー上で動作するWebアプリプログラムに対するインターフェースのことです。互換性のないクライアントアプリとWebサービスをつなぐための決まりを定義したものです。

Webサービスというのは何かしらのプログラミング言語で書かれたWebアプリといくつかのバックエンドサービスからなっています。Webサービスを利用したいユーザーはブラウザなどのクライアントアプリを使ってインターネットを経由して、ネットワークの向こうに存在しているアプリサーバーとデータのやりとりを行っています。

このデータのやりとりではWeb APIを用いた方法が一般的になっています。Web APIは基本的にはURLにパラメータを付与して、JSONやXMLなどの形式でデータのやりとりを行います。現在はJSONが主流です。Web APIを用いることで、Webサービスが管理しているデータをJSONの形式で受け取ることができ、目的に合わせて、リクエストパラメータの値を変更したり、組み合わせて利用します(**図5.3**)。

図5.3 Web APIの概要

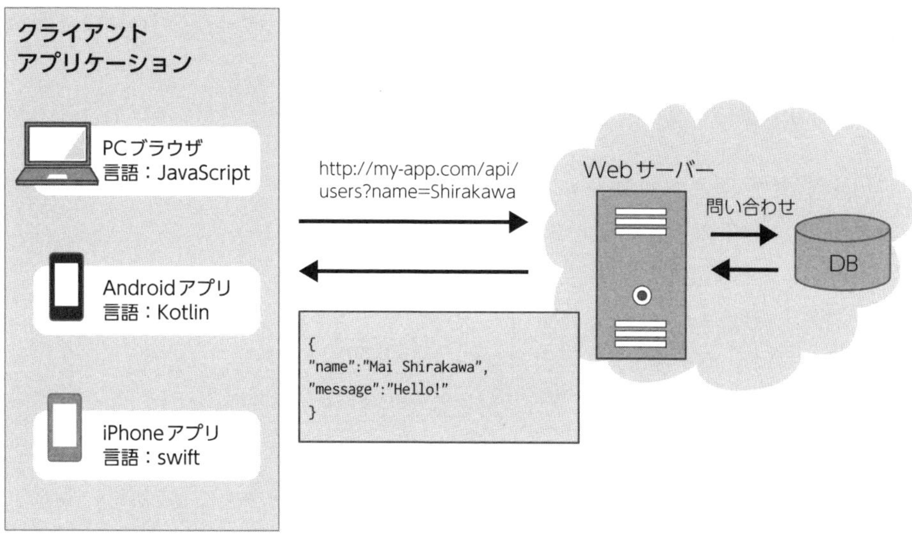

Google、Twitter、Facebookなどの著名なサービスはWeb APIを提供しています。Web APIを使うことでユーザーはサードパーティ製のアプリを作成したり、他のWebサービスと組み合わせて使うこともできるため、本来の目的とは異なる使い方や、本家

では提供できない競合したサービスと連携したアプリなどを作成することもでき、使い方しだいで公式のアプリより優れたものを作ることも可能となっています。**図5.4**は、複数の天気予報サービスAPIを組み合わせたアプリの例を示します。

図5.4 公開されたWeb APIをどう組み合わせるか

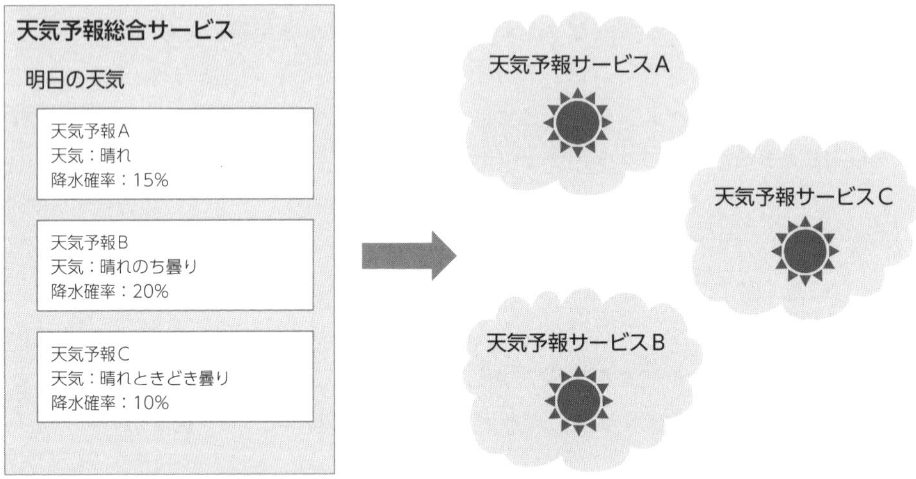

5.2.1 RESTfulとは

次に示すRESTの原則に従って構築されたシステムの特徴をRESTfulと呼びます。

●「RESTの原則」

ステートレス

・HTTPのメッセージにすべての情報が含まれているためクライト・サーバー間で状態を管理する必要がない

・サーバーがクライアントがどんな状態なのかを知らなくてよい

HTTPのメソッドでリソースのアクションを決定する

・GET、POST、PUT、DELETEでリソースの取得、作成、更新、削除を指定する

URLでリソースを識別する

・すべてのリソースは一意なURLとなる（厳密にはURLではなくURIですが、本書ではURLとURIの違いを意識する必要はないため、同じものとして扱う）

半構造化データフォーマット
・HTML、XML、JSONなどのフォーマットを扱って情報のやりとりをする

Webアプリはバックエンドのデータベースにアプリデータやユーザーデータなどを保存しています。この保存されているデータのことを「リソース」と呼びます。そして、リソースの所在地を示すのがURLです。URLは先頭から、スキーム、ホスト、パスの文字列を'/'で区切って表記します。次の例では、**http**がスキーム、**my-app.com**がホスト、**api/users**がパスです。

```
http://my-app.com/api/users
```

Web APIでは、パスの後ろにクエリパラメータを付与して、リソース対して条件を指定できます。次の例では、userリソースに対して、nameがshirakawaと一致するデータを指定しています。

```
http://my-app.com/api/users?name=shirakawa
```

クエリパラメータ以外にもパスパラメータというパスの一部をパラメータ化した方法もよく使われます。次の例ではuserリソースに対して、idが12345のものを指定します。一般的にユニークな値をパスパラメータで指定します。

```
http://my-app.com/api/users/12345
```

このようにURLにはリソースの所在地と、条件を指定して使います。RESTfulではこのURLを使って、対象となるリソースにどんなアクションをするかをHTTPメソッドで指定します。HTTPメソッドは次のように使い分けます。

- GET: リソースの取得
- POST: リソースの作成
- PUT: リソースの更新
- DELETE: リソースの削除

5.3 本書で作成するWebアプリについて

本書ではサンプルとしてGuestBookアプリを作成します。これは結婚式や誕生日、勉強会などのイベントの参加者を管理するものです。求められる機能としては「Google App Engine 勉強会」というイベントの参加者の管理のほかに勉強会の写真をアップロードしたり、メッセージに返信したりする機能を加えた、少しリッチな表現を実装していきます。

第4章の時点では単純にタイトルだけを表示したものですが、次から各章ごとに少しずつ機能を追加します。また、GuestBookアプリとは別に、デフォルトで用意されたGCPプロジェクトを使って機能単位ごとに独立したシンプルなアプリ（Exampleアプリ）の作成を行います。

本アプリは各章ごとに**図5.5**のようにステップアップしていきます。実装する機能については**表5.1**に示しました。

図5.5 GuestBookアプリの機能追加の方針

第4章 最初のGAEアプリ

Hello Worldの作成を通して、GAEアプリの作成からデプロイまでの手順を習得する

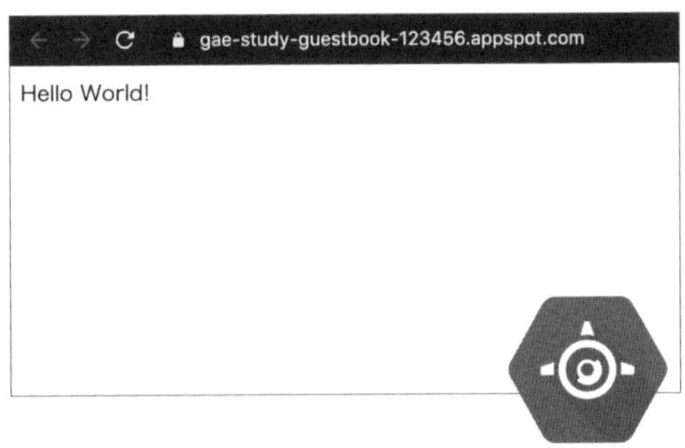

第6章 Flaskの理解とWeb API

Webアプリケーションフレームワーク「Flask」を使ってリクエスト処理の方法を習得する

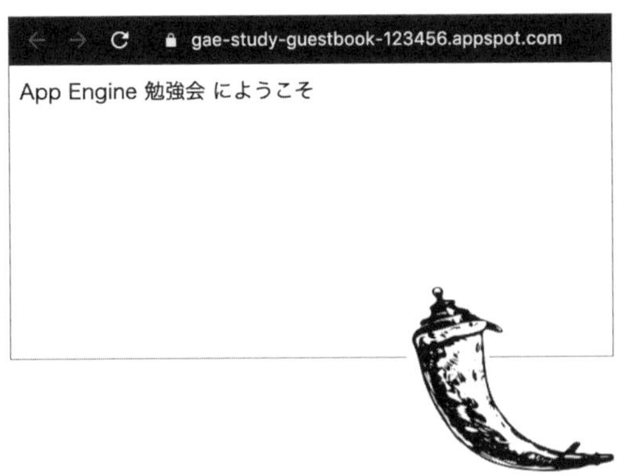

第7章　アプリケーションログ

Stackdriver Loggingと連携したロギング

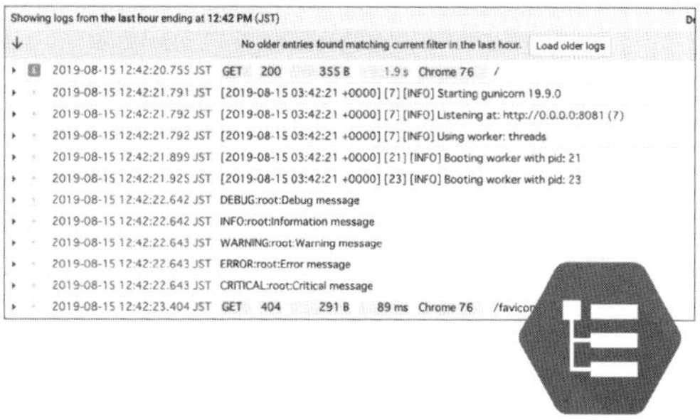

第8章　GuestBookの基本機能の実装

Web APIを実装し、Datastoreと連携して勉強会参加者を管理する

第9章　コメント機能の追加

Datasoreのエンティティグループを使ってコメントデータを管理する

第10章　画像ギャラリーの追加

GCSと連携して画像ファイルを管理する

第11章　その他のサービス連携

Cloud IAP、Cloud Tasks、Cloud Schedulerを使ったサンプルアプリを作成する

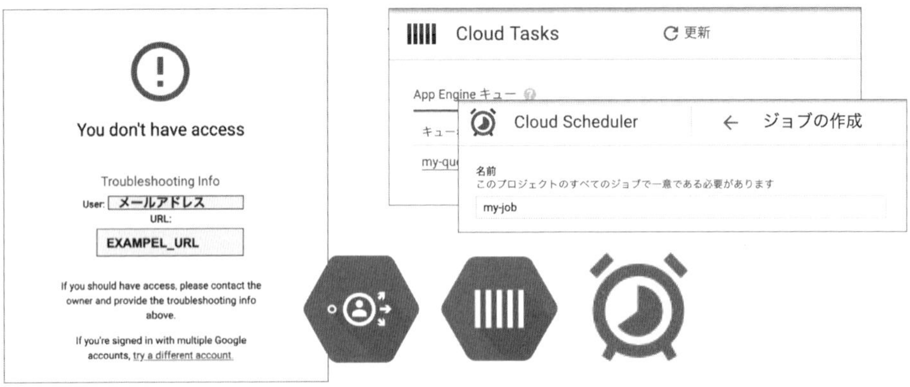

●表5.1 各章と完成コードの対応表

章	機能	Exampleアプリ	GuestBookアプリ
4章	HelloWorld	example_deploy_01	geustbook_deploy
4章	HelloWorld 2	example_deploy_02	なし
6章	jinja2	example_flask_01	guestbook_flask_01
6章	エラーハンドリング	example_flask_02	guestbook_flask_02
6章	WTForms	example_flask_03	なし
6章	Web API list API	example_flask_04	guestbook_flask_04
6章	Web API insert API	example_flask_05	guestbook_flask_05
6章	Web API get API	example_flask_06	guestbook_flask_06

章	機能	Exampleアプリ	GuestBookアプリ
7章	Python loggingモジュール	example_logging_01	guestbook_logging
7章	Logging Client Libraries	example_logging_02	なし
7章	Cloud Logging Handler	example_logging_03	なし
8章	Datastore 保存	example_datastore_01	guestbook_datastore_01
8章	Datastore 全件取得	example_datastore_02	guestbook_datastore_02
8章	Datastore 1件取得	example_datastore_03	guestbook_datastore_03
8章	Datastore 更新	example_datastore_04	guestbook_datastore_04
8章	Datastore 削除	example_datastore_05	guestbook_datastore_05
9章	EntityGroup 追加	example_entitygroup_01	guestbook_entitygroup_01
9章	EntityGroup 取得	example_entitygroup_02	guestbook_entitygroup_02
10章	GCS 保存	example_gcs_01	guestbook_gcs_01
10章	GCS 取得	example_gcs_02	guestbook_gcs_02
11章	Cloud Tasks	example_otherservice_01_cloudtasks	なし
11章	Cloud Scheduler	example_otherservice_02_cloudscheduler	なし

5.3.1 本書で作成する Web API

ExampleアプリとGuestBookアプリは簡単なWeb APIを使ってリソースを操作します。クライアントはGAEが用意したWeb APIを叩いて、データベースからデータを取得したり、更新したりします。本書では各アプリで**表5.2**、**表5.3**のようなAPIを作成します。各APIに必要なリクエストパラメータやレスポンスデータなどの詳細は後述します。

●**表5.2** Example アプリのWeb API

機能	メソッド	URL	詳細
list	GET	/api/examples/	Exampleデータを全件返す
get	GET	/api/examples/<KeyID>	KeyIDと一致するExampleデータを返す
insert	POST	/api/examples/	Exampleデータを作成する

●表5.3 GuestBook アプリのWeb API

機能	メソッド	URL	詳細
list	GET	/api/greetings/	Greetingリソースを全件取得する
get	GET	/api/greetings/<KeyID>	KeyIDと一致するGreetingリソースを取得する
insert	POST	/api/greetings/	Greetingリソースを作成する
update	PUT	/api/greetings/<KeyID>	KeyIDと一致するGreetingリソースを更新する
delete	DELETE	/api/greetings/<KeyID>	KeyIDと一致するGreetingリソースを削除する
listComment	GET	/api/comments?parent_id=<ParentID>	ParentIDと一致するCommentリソースを取得する
insertComment	POST	/api/comments	パラメータで受け取ったParentIDを使ってCommentリソースを作成する

第6章

Flask による HTTP リクエストの処理

第6章 Flask による HTTP リクエストの処理

6.1 Flask フレームワーク

FlaskはPythonで書かれたマイクロWebアプリケーションフレームワークで、シンプルですが高機能なWebアプリを構築できます。Webアプリケーションフレームワークとは動的なWebサイトの開発をサポートするためのものです。多くのフレームワークはデータベースへのアクセス、テンプレートエンジン、フォーム処理、セッション管理など動的なWebサイトに共通して利用される機能の開発をサポートしています。

Flaskはシンプルで拡張可能なコアを提供し、データベースへのアクセス、フォーム処理、テンプレートエンジンなどはコアとは別の拡張機能として提供されています。そのためマイクロと呼ばれますが、さまざまな拡張機能の導入により高機能なWebアプリが実現できます。

ここで第4章でデプロイしたアプリをもう一度見てみましょう（**リスト6.1**）。

■**リスト6.1** main.py

```
from flask import Flask


app = Flask(__name__)  ←── ①


@app.route('/')  ←── ②
def home():
    return 'Hello World!'


if __name__ == '__main__':
    app.run(host='127.0.0.1', port=8080, debug=True)  ←── ③
```

リスト6.1の解説は次のようになります。

①`Flask(__name__)`でWebアプリを作成する
②Webアプリにroute APIを利用し、リクエストされたパスが/だった場合に起動するビュー関数（例ではhome）を登録
③最後にrun関数によりWSGIアプリを起動する。起動したアプリは`http://127.0.0.1:8080/`でアクセスできるようになる

6.1.1 WSGI規格

Web Server Gateway Interface（以降、WSGI）はWebサーバーとWebアプリを接続するためのインターフェース規格です。PythonにはFlask以外にもさまざまなWSGIに準拠したWebアプリケーションフレームワークがありますが、すべてWSGIに準拠した任意のWebサーバーで動かすことができます。

6.2 テンプレートの利用

ソースコード内にHTMLを直接記述すると可読性が下がり、メンテナンス性が下がります（**図6.1**）。テンプレートエンジンを利用することで、HTMLと機能を分離できます（**図6.2**）。テンプレートエンジンでは特別な構文を利用したHTMLを別のファイルとして保存します。Pythonには、Jinja2やmakoなど多くのテンプレートエンジンがあります。

図6.1 テンプレートエンジンなし

図6.2 テンプレートエンジンあり

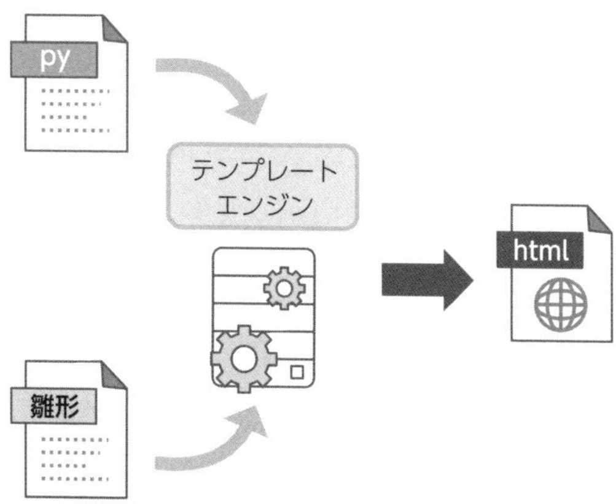

6.2.1 Jinja2を使う練習

Jinja2テンプレートエンジンの使い方について説明します。Jinja2はFlaskをインストールすると同時にインストールされているため、インストール作業などをせずにテンプレートを作成できます。手順は次のようになります。

手順

①インポートモジュールの確認

②テンプレートファイルの作成

③レンダリング

6.2.1.1 開発環境の確認

作業フォルダと仮想環境、gcloud configの設定をExampleアプリ用にします。

次のコマンドを実行してExampleアプリの開発環境にしましょう。

```
$ cd $HOME/gae-study/example
$ source env/bin/activate
$ gcloud config set project <EXAMPLE_PROJECT_ID>
```

6.2.1.2 [手順①] インポートモジュールの確認

テンプレートに必要な次のモジュールをインポートします。

- render_template

main.pyのインポート文は次のようになります。

```
from flask import render_template, Flask
```

6.2.1.3 [手順②] テンプレートファイルの作成

templatesフォルダをプロジェクト直下に作成し、index.htmlという名前でテンプレートファイルを作成します。Flaskではテンプレートファイルはデフォルトでは**templates**フォルダ以下に配置されるようになっています。任意のフォルダを指定したい場合は、次のようにFlaskオブジェクト生成時にテンプレートフォルダのパスを指定します。

```
app = Flask(__name__, template_folder='my_templates')
```

`templates/index.html`は、Exampleページのフォームと、一覧を表示するためのコードを記述します。

ディレクトリ構成は**図6.3**のようになります。

図6.3 Exampleアプリのディレクトリ構成

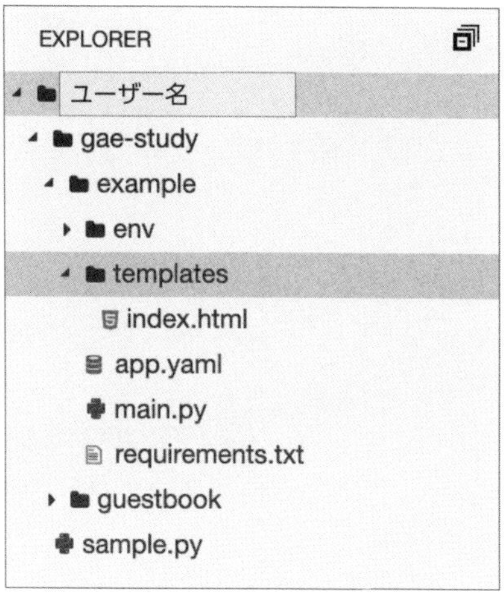

Jinja2では`{% ... %}`や`{{ ... }}`などの制御構文が用意されています。`{% .. %}`はifやforなどの構文が用意されています。`{{ ... }}`はPythonコードで定義された変数の内容にアクセスできます。**リスト6.2**の2行目の`{% autoescape true %}`では、<>などのような文字を、HTMLで安全に表示できるようにしています。

■**リスト6.2** index.html

```
<!DOCTYPE html>
{% autoescape true %}
<html>
 <head lang="ja">
  <meta charset="UTF-8">
  <title>Example Application</title>
</head>
<body>
{{ message }}
</body>
</html>
```

```
{% endautoescape %}
```

6.2.1.4 [手順③] レンダリング

Webページの出力にテンプレートを使うためには、render_template(<テンプレートファイル>, テンプレートバリュー) のように記述します。第1引数でテンプレートファイルを指定し、第2引数にテンプレートファイルで使用するオブジェクトを指定します。

```
render_template('index.html', message=message)
```

複数のオブジェクトを使用する場合は、第3引数、第4引数……、と引数を増やすことで対応します。

```
render_template(
    'index.html',
    value1=value1,
    value2=value2,
    value3=value3,
)
```

main.pyのhome関数を**リスト6.3**のように変更して、テンプレートを使ったHTMLを出力してみましょう。

■ **リスト6.3** main.py

```
from flask import render_template, Flask


app = Flask(__name__)


@app.route('/')
def home():
    message = 'Hello World!'
    return render_template('index.html', message=message)


if __name__ == '__main__':
    app.run(host='127.0.0.1', port=8080, debug=True)
```

6.2.2 動作確認

動作確認は、第4章の「4.2アプリケーションのデプロイ」を参考にアプリをデプロイして行います。https://<EXAMPLE_PROJECT_ID>.appspot.comにアクセスして正しく表示されるか確認します（**図6.4**）。

図6.4 Exampleアプリの実行確認

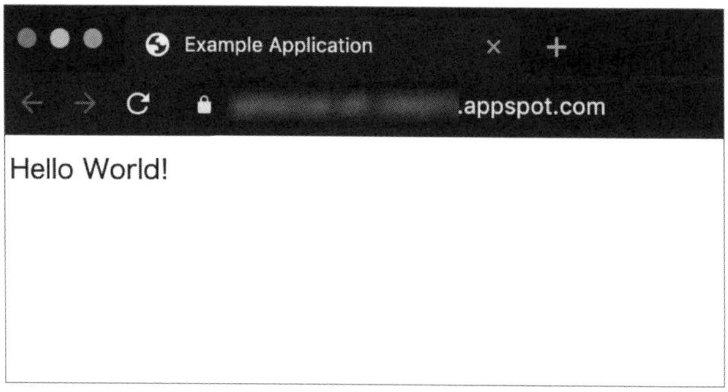

6.3 [実習] Jinja2を使う

GuestBookアプリでJinja2を使ったHTMLのレンダリング処理を実装します。

6.3.1 実習の手順

実習の手順は次のようになります

手順

①インポートモジュールの確認
②テンプレートファイルの作成
③レンダリング

6.3.1.1 開発環境の確認

実習ではGuestBookアプリを使うので作業フォルダと仮想環境、`gcloud config`の設定をGuestBookアプリ用の設定にします。

次のコマンドを実行してGuestBookアプリの開発環境にします。

```
$ cd $HOME/gae-study/guestbook
$ source env/bin/activate
$ gcloud config set project <GUESTBOOK_PROJECT_ID>
```

6.3.1.2 [手順①] インポートモジュールの確認

テンプレートに必要な次のモジュールをインポートします。

- render_template

main.pyのインポート文は次のようになります。

```
from flask import Flask, render_template
```

6.3.1.3 [手順②] テンプレートファイルの作成

templatesフォルダをプロジェクト直下に作成し、index.htmlという名前でテンプレートファイルを作成します。index.htmlを**リスト6.4**の内容で記述します。

■ **リスト6.4** index.html

```
<!DOCTYPE html>
{% autoescape true %}
<html>
<head lang="ja">
  <meta charset="UTF-8">
  <title>GuestBook</title>
</head>
<body>
{{ message }}
</body>
</html>
{% endautoescape %}
```

6.3.1.4 [手順③] レンダリング

main.pyのhome関数を**リスト6.5**のように変更して、テンプレートを使ったHTMLを出力してみましょう。

■リスト6.5 main.py

```
from flask import Flask, render_template


app = Flask(__name__)


@app.route('/')
def home():
    message = 'App Engine勉強会 にようこそ'
    return render_template('index.html', message=message)


if __name__ == '__main__':
    app.run(host='127.0.0.1', port=8080, debug=True)
```


6.3.2 動作確認

アプリをデプロイして動作を確認します。https://<EXAMPLE_PROJECT_ID>.appspot.comにアクセスして正しく表示されることを確認します（**図6.5**）。

図6.5 動作確認を行う

6.4 エラーページのカスタマイズ

エラーページとは、指定したURLが見つからないときや、アクセス権がないユーザーがアクセスしたりした際にHTTPステータスエラーを通知するページのことです（**図6.6**）。HTTP通信では、リクエストに対するレスポンスのステータスコードが定められており、正常なリクエストの場合は「200 OK」が返され、失敗した場合はおもに400番台、500番台が返されます。エラーの種類によって返されるコードが定められています。URLが見つからない場合は、404が返されます。「404 File not found」というようなエラーページが表示された経験は誰にでもあるのではないでしょうか。

また、404エラー以外でもHTTPのリクエストに対するレスポンスに500が返されることがあります。500番台のエラーはユーザーのリクエストは正しいが、サーバーサイドでの処理が失敗したときに返されるエラーコードになります。エラーコードには**表6.1**のようなものがあります。

●**表6.1 主なエラーコード**

コード	メッセージ	説明
400	Bad Request	リクエストにエラーがある
403	Forbidden	アクセス権がない
404	Not Found	URLで指定されたドキュメントが見つからなかった
500	Internal Server Error	サーバーサイドの処理でエラーがあった

図6.6 エラー発生画面

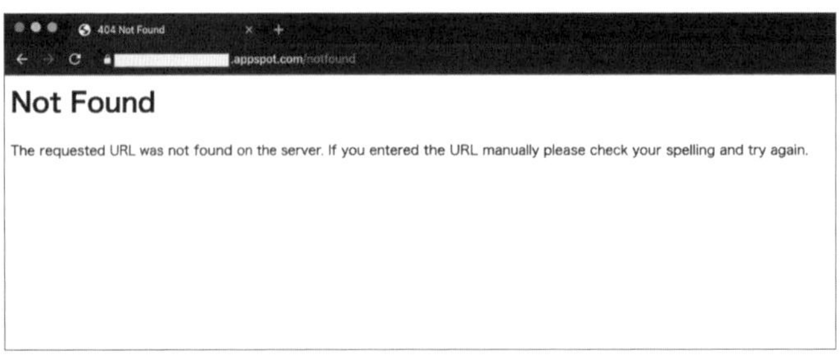

6.4.1 エラーハンドリングの練習

Flaskでは、エラーハンドリングをカスタマイズする方法が用意されています。

手順

エラーハンドリングは次の手順で実装します。

①エラーハンドリングをするためのビュー関数を作成する

②WSGIアプリにエラー用のビュー関数を登録する

6.4.1.1 開発環境の確認

本練習では前節同様Exampleアプリを使うので作業フォルダと仮想環境、gcloud configの設定をします。次のコマンドを実行してExampleアプリの開発環境にします。

```
$ cd $HOME/gae-study/example
$ source env/bin/activate
$ gcloud config set project <EXAMPLE_PROJECT_ID>
```


6.4.1.2 [手順①] エラーハンドリング用のビュー関数を作成する

エラー処理をするためのエラーハンドラーを作成します。ここではmain.pyに404エラーの処理を行うhandle_404というビュー関数を作成しています。

```
def handle_404(exception):
    return {'message': 'Error: Resource not found.'}, 404
```

6.4.1.3 [手順②] WSGI アプリケーションにエラー用ビュー関数を登録する

WSGIアプリケーションappのerrorhandlerに対応するエラーコードとともに関数をデコレーターでラップすることでエラーをhandle_404関数でハンドリングが可能となります。

```
@app.errorhandler(404)
def handle_404(exception):
    return {'message': 'Error: Resource not found.'}, 404
```

6.4.1.4 main.py

main.pyは**リスト6.6**のようになります。

■**リスト6.6** main.pyの修正版

```
from flask import render_template, Flask


app = Flask(__name__)


@app.route('/')
def home():
    message = 'Hello World!'
```

```
    return render_template('index.html', message=message)


@app.errorhandler(404)
def error_404(exception):
    return {'message': 'Error: Resource not found.'}, 404


if __name__ == '__main__':
    app.run(host='127.0.0.1', port=8080, debug=True)
```

6.4.1.5 動作確認

存在しないURLにアクセスし、**図6.7**が表示されることを確認します。

図6.7 エラー画面で確認

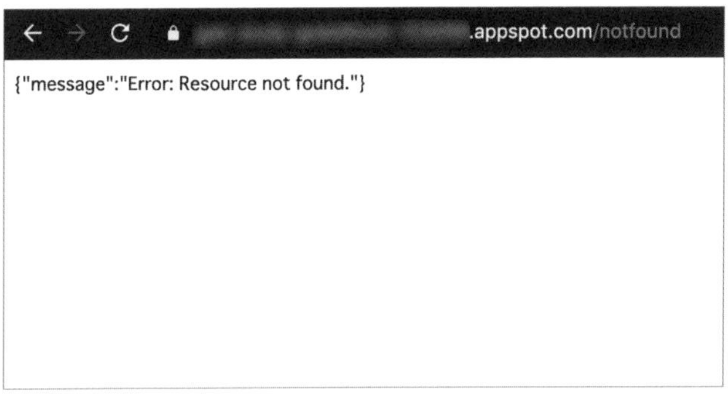

6.5 ［実習］エラーハンドリング

では、GuestBookアプリに、404エラーと500エラーのエラーハンドリングを追加しましょう。実習なので、ここからはExampleアプリではなく、GuestBookアプリを修正します。

6.5.1 実習の手順

この実習ではHTTP 404エラーとHTTP 500エラーをカスタマイズします。**図6.8**はカスタマイズ前の状態で、**図6.9**はカスタマイズした後です。

手順

①エラーハンドリングをするためのビュー関数を作成する

②WSGIアプリにエラー用のビュー関数を登録する

図6.8 エラーページをカスタマイズしていない場合（左404エラー、右500エラー）

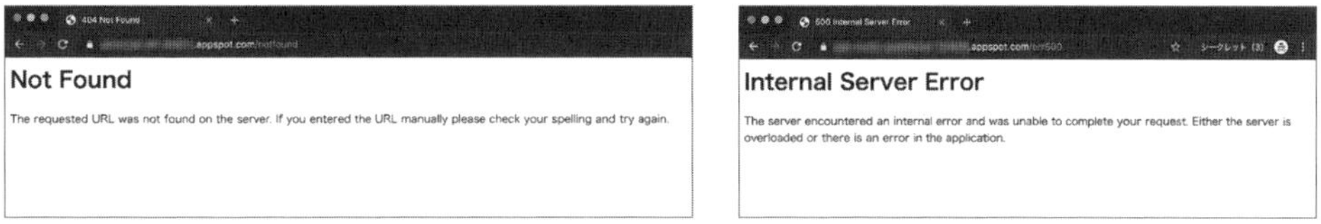

図6.9 エラーページをカスタマイズ（左404エラー、右500エラー）

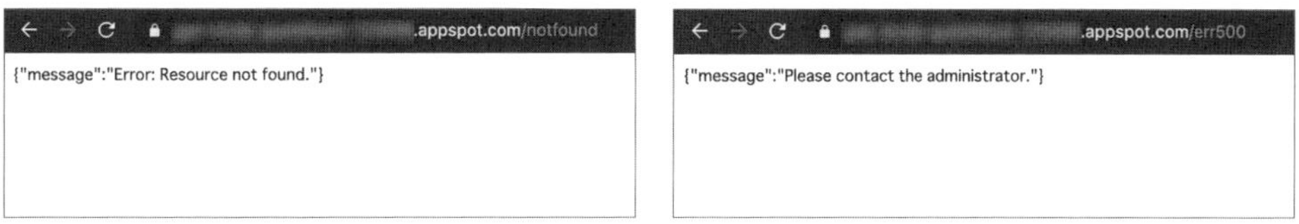

6.5.1.1 開発環境の確認

実習ではGuestBookアプリを使うので作業フォルダと仮想環境、gcloud configの設定をGuestBookアプリ用の設定にします。次のコマンドを実行します。

```
$ cd $HOME/gae-study/guestbook
$ source env/bin/activate
$ gcloud config set project <GUESTBOOK_PROJECT_ID>
```

6.5.1.2 ［手順①］インポートモジュールの確認

エラーを返すモジュールをインポートします。

abort

インポート文は次のようになります。

```
from flask import Flask, render_template, abort
```

6.5.1.3 ［手順②］エラーハンドリングをするためのビュー関数を作成する

main.pyに/err500にアクセスしたときに500エラーを発生させるためのビュー関数err500を作成します。

```
@app.route('/err500')
def err500():
    abort(500)
```

main.pyに404エラーと500エラーの処理を行うためのビュー関数handle_500を作成します（**リスト6.7**）。

■ **リスト6.7** main.py

```
def error_404(exception):
    return {'message': 'Error: Resource not found.'}, 404


def error_500(exception):
    return {'message': 'Please contact the administrator.'}, 500
```

6.5.1.4 ［手順③］ WSGI アプリケーションにエラー処理用の関数を登録する

WSGIアプリケーションappのerror_handlersに対し、前の手順で作成したHTTP 404とHTTP 500のハンドラーを指定します。

```
@app.errorhandler(404)
def handle_404(handle_404(exception), exception):
    return {'message': 'Error: Resource not found.'}, 404


@app.errorhandler(500)
def handle_500(handle_500(exception), exception):
    return {'message': 'Please contact the administrator.'}, 500
```

6.5.1.5 main.py

これまでの修正を加えたmain.pyは**リスト6.8**のような内容になります。

■ **リスト6.8** main.py

```
from flask import Flask, render_template, abort


app = Flask(__name__)


@app.route('/')
def home():
```

```
    message = 'App Engine勉強会 にようこそ'
    return render_template('index.html', message=message)


@app.route('/err500')
def err500():
    abort(500)


@app.errorhandler(404)
def error_404(exception):
    return {'message': 'Error: Resource not found.'}, 404


@app.errorhandler(500)
def error_500(exception):
    return {'message': 'Please contact the administrator.'}, 500


if __name__ == '__main__':
    app.run(host='127.0.0.1', port=8080, debug=True)
```


6.5.2 動作確認

次のことを確認します。

- 存在しないURLにアクセスし、カスタマイズされた404エラーが表示されること（**図6.10**）
- /err500にアクセスし、カスタマイズされた500エラーが表示されること（**図6.11**）

図6.10 404エラーの結果表示

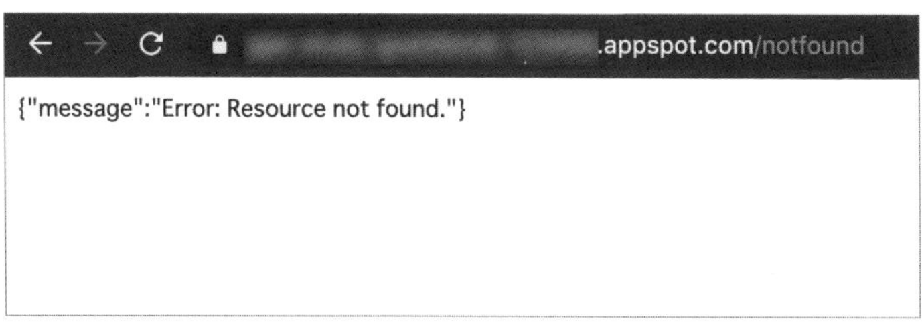

図6.11 500エラーの結果表示

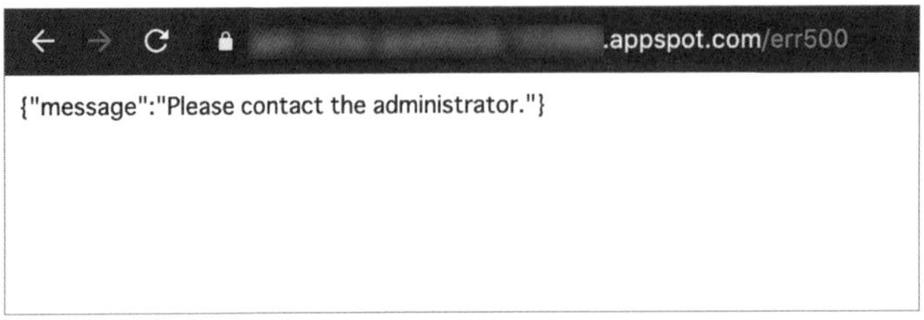

6.6 フォーム処理

フォーム処理もソースの可読性を下げる原因となりやすい処理の1つです。フォームライブラリを活用すると、

- <input> <textarea> <select> 等の入力項目の形式を定義
- 定義された形式に基づき、入力されたデータをバリデート（検証）
- 入力エラーの通知
- 安全な入力データをデータストアへ保存

という一連のフォーム操作を簡単に実現できます。

本書ではWTFormsを使ったフォーム操作について説明します。WTFormsは上記のフォーム操作機能を提供するライブラリで、さらに便利に使えるように次の機能を提供しています。

- テンプレートエンジンを用いたフィールドや入力エラーのレンダリング
- モデルからフォームの自動生成や、バリデーション後の入力内容をモデルへ反映

また、各種Webアプリケーションフレームワークとの連携や、各種モデルライブラリとの連携用にさまざまなプラグインが提供されています。WTFormsをFlaskで使うためにはFlask-WTFというFlask拡張機能を利用します。

6.6.1 WTFormsの練習

準備

ライブラリをインストールする

手順

①インポートモジュールの確認
②フォームを定義
③フォームのレンダリング
④POSTメソッドの許可
⑤フォームデータのバリデート
⑥バリデートに成功したデータの利用
⑦バリデートに失敗した際のエラーのレンダリング

6.6.1.1 開発環境の確認

練習ではExampleアプリを使うので作業フォルダと仮想環境、gcloud configの設定をExampleアプリ用の設定にします。次のコマンドを実行します。

```
$ cd $HOME/gae-study/example
$ source env/bin/activate
$ gcloud config set project <EXAMPLE_PROJECT_ID>
```

6.6.1.2 [準備] ライブラリをインストールする

最初にWTForms、Flask-WTFをインストールします。

- WTForms (https://pypi.org/project/WTForms/)
- Flask-WTF (https://pypi.org/project/Flask-WTF/)

requirements.txtにインストールするライブラリを追加します。

```
Flask==1.1.1
Flask-WTF==0.14.2
```

次のコマンドを実行して、再度依存関係を解決します。

```
$ pip install -r requirements.txt
```

6.6.1.3 [手順①] インポートモジュールの確認

forms.pyを作成し、フォーム処理に必要なモジュールをインポートします。

- flask_wtf.FlaskForm
- wtforms.StringField
- wtforms.validators

forms.pyのインポート文は次のようになります。

```
from flask_wtf import FlaskForm
from wtforms import StringField, validators
```

main.pyに次のモジュールをインポートします。

- forms.MyForm

main.pyのインポート文は次のようになります。

```
from flask import render_template, Flask
from forms import MyForm
```

6.6.1.4 [手順②] フォームを定義

今回はJinja2テンプレートで表示しているmessageをフォーム処理するMyFormを定義します。forms.pyに次のクラスを追加します。

```
from flask_wtf import FlaskForm
from wtforms import StringField, validators


class MyForm(FlaskForm):
    message = StringField(
        'message',
        validators=[
            validators.required(),  ←必須パラメータ
            validators.length(max=10),  ←文字列長制限
        ],
    )
```

このフォームではmessageを文字列として受け取るためにStringFieldとして定義しています。 ほかにも受け取りたいデータ型に合わせて次のようなフィールドが用意されています。

- BooleanField：True / False を受け取る
- DateField/DateTimeField：日付 datetime を受け取る
- IntegerField：数値を受け取る

また、次のバリデータを追加しています。

- 未入力を防ぐためにrequired()により必須パラメータ（入力が必須の項目）とする
- 処理できないサイズの文字列の受信を防ぐためにlength(max=10)により文字列長を制限する

6.6.1.5 ［手順③］フォームのレンダリング

main.pyのhome関数にフォームのレンダリング処理を追加します。MyFormのインスタンスをJinja2テンプレートへ渡し、Jinja2テンプレート側でフォームフィールドをレンダリングします。render_template()の引数にMyFormのインスタンスをformとして渡すよう変更します。

```
form = MyForm(csrf_enabled=False)
 return render_template(
     'index.html',
     form=form,
 )
```

今回はサンプルのためクロスサイトリクエストフォージェリ対策を無効化するためにcsrf_enabled=Falseを指定します。また、本書ではクロスサイトリクエストフォージェリの説明は割愛します。templates/index.htmlを**リスト6.9**のように変更します。

■ **リスト6.9** templates/index.htmlの修正

```
<!DOCTYPE html>
{% autoescape true %}
<html>
<head lang="ja">
  <meta charset="UTF-8">
  <title>Example Application</title>
</head>
<body>
{{ message }}
<form method="POST" action="/">
  {{ form.message }}
  <input type="submit" value="送信">
```

```
</form>
</body>
</html>
{% endautoescape %}
```

テンプレートがレンダリングされると次のHTMLが生成されます

```
<form method="POST" action="/">
  <input id="message" name="message" required="" type="text" value="">
  <input type="submit" value="送信">
</form>
```

6.6.1.6 [手順④] POST メソッドの許可

Flaskのビュー関数はデフォルトでGETメソッドだけが許可されています。ビュー関数でPOSTメソッドを処理するためにはroute関数で許可するHTTPメソッドを追加します。

```
@app.route('/', methods=['GET', 'POST'])
```

6.6.1.7 [手順⑤] フォームデータのバリデート

送信されたデータをMyFormへセットし、フォームバリデータのインスタンスを作成します。message変数には空文字で初期化します。form.validate_on_submit()によりバリデートを実行し、いずれかの入力内容に誤りがあった場合の処理と、すべての入力内容が正しかった場合の処理をそれぞれ記述できます。

```
message = ''
form = MyForm(csrf_enabled=False)
if form.validate_on_submit():
    # バリデーションに成功した場合の処理
else:
    # バリデーションに失敗した場合の処理
```

6.6.1.8 [手順⑥] バリデートに成功したデータの利用

入力内容が正しかった場合はメッセージを表示しましょう。フォームインスタンスより安全なデータを取り出すことができます。フォームからバリデーション済みの安全なmessageデータを取り出すには次のように記載します。

```
if form.validate_on_submit():
    message = form.message.data
```

これにより意図しないデータや安全でないデータの表示を防げます。

6.6.1.9 ［手順⑦］バリデートに失敗した際のエラーのレンダリング

いずれかの入力内容にエラーがあった場合は、エラー内容を表示してみましょう。エラーはform.errors内にフィールドごとに配列として格納されます。

```
if form.validate_on_submit():2
    (……中略……)
else:
    message_validation_errors = form.errors.get('message')
    if message_validation_errors:
        message = message_validation_errors[0]  # 今回は0番目のエラーだけ表示する
```

最終的なmain.pyのコードは**リスト6.10**のようになります。

■**リスト6.10** main.py

```
from flask import render_template, Flask
from forms import MyForm


app = Flask(__name__)


@app.route('/', methods=['GET', 'POST'])
def home():
    message = ''
    form = MyForm(csrf_enabled=False)
    if form.validate_on_submit():
        message = form.message.data
    else:
        message_validation_errors = form.errors.get('message')
        if message_validation_errors:
            message = message_validation_errors[0]  # 今回は0番目のエラーのみ表示
する

    return render_template(
        'index.html',
        message=message,
        form=form,
    )
```

```
@app.errorhandler(404)
def error_404(exception):
    return {'message': 'Error: Resource not found.'}, 404


if __name__ == '__main__':
    app.run(host='127.0.0.1', port=8080, debug=True)
```

6.6.2 動作確認

アプリをデプロイして入力フォーム画面でMyFormが表示されていることを確認します（**図6.12**）。10文字以内のメッセージを入力した場合、メッセージが表示されることを確認します。メッセージを10文字以上入力した場合、エラーメッセージが表示されることを確認します。

図6.12 エラーメッセージの確認

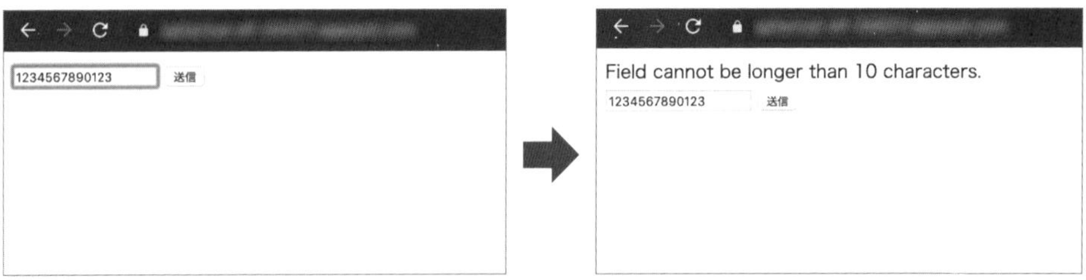

WTFormsはフォーム処理の可読性を向上し、エラーの原因となるバリデーションも簡単に行える便利なライブラリですが、本書では実習は省略します。また、バリデーションはフォームからの送信だけでなくJSONを使ったPOSTリクエストにも対応できるので、興味のある方は以降の実習でも挑戦してみてください。

6.6.3 Exampleプロジェクトのクリーンアップ

以降はWTFormsを使いません。次の操作をしてExample Applicationプロジェクトから削除します。

①requirements.txtから削除し、pip uninstallを実行

②forms.pyを削除する
③main.pyをもとに戻す
④Index.htmlをもとに戻す

requierments.txtは次のようになります。

```
Flask==1.1.1
Flask-WTF==0.14.2  ←この行を削除する
```

モジュールをアンインストールし、forms.pyを削除します。

```
$ pip uninstall flask-wtf
$ rm forms.py
```

main.pyを本節のエラーハンドリングの練習のコード（**リスト6.6**）に戻します。

6.7 Web APIの追加

第5章で説明したWeb APIの仮実装をします。本格的なリソースの操作は第8章Datastoreで行います。ここではWeb APIを追加するためのFlaskの使い方を学びます。この節では次のAPIを作成します（**表6.2、表6.3**）。いずれも仮実装した内容で固定のデータをクライアントに返します。

●**表6.2** ExampleアプリのWeb API

機能	メソッド	URL	詳細
list	GET	/api/examples/	Exampleデータを全件返す
get	GET	/api/examples/<KeyID>	KeyIDと一致するExampleデータを返す
insert	POST	/api/examples/	Exampleデータを作成する

●表6.3 GuestBook アプリの Web API

機能	メソッド	URL	詳細
list	GET	/api/greetings/	Greeting リソースを全件取得する
get	GET	/api/greetings/<KeyID>	KeyID と一致する Greeting リソースを取得する
insert	POST	/api/greetings/	Greeting リソースを作成する

6.8 GETメソッド［練習①］

Exampleアプリにデータを取得するlist APIを作成します。list APIは/api/examplesにGETメソッドを使って送られてきたときに、JSON形式でクライアントにデータを返します。ここでは、まだDatastoreを用意していないため、仮のデータを返すようにします。

レスポンスデータ

```
{
  "author": "Tsuyoshi Igarashi",
  "created": "Mon, 24 Jun 2019 20:14:43 GMT"
}
```

6.8.1 list APIの作成手順

作成手順は次のようになります。

①インポートモジュールの確認

②リクエストの処理の追加

6.8.1.1 開発環境の確認

練習ではExampleアプリを使うので作業フォルダと仮想環境、gcloud configの設定をExampleアプリ用の設定にします。

次のコマンドを実行してExampleアプリの開発環境にしましょう。

```
$ cd $HOME/gae-study/example
$ source env/bin/activate
$ gcloud config set project <EXAMPLE_PROJECT_ID>
```

6.8.1.2 ［手順①］インポートモジュールの確認

FlaskのHTTP通信ライブラリrequestをインポートします。

- flask.request

main.pyのインポート文は次のようになります。

```
from flask import Flask, render_template, request
```


6.8.1.3 ［手順②］リクエストの処理の追加

/api/examplesにGETメソッドを使って送られてきたときの処理を追加します。

- ビュー関数examplesを作成する
- ルーティングに /api/examples を指定する
- レスポンスデータをJSON形式でクライアントに返す

main.pyは**リスト6.11**のような内容になります。

■**リスト6.11** main.py

```
from flask import Flask, render_template, request


app = Flask(__name__)


@app.route('/', methods=['GET', 'POST'])
def home():
    message = 'Hello World!'
    return render_template('index.html', message=message)


@app.route('/api/examples')
def examples():
    if request.method == 'GET':
        igarashi = {
            'author': 'Tsuyoshi Igarashi',
            'id': 1
        }
        miyayama = {
            'author': 'Ryutaro Miyayama',
            'id': 2
        }
```

```
        shirakawa = {
            'author': 'Mai Shirakawa',
            'id': 3
        }
        examples = [igarashi, miyayama, shirakawa]
        res = {
            'examples': examples
        }
        return res


@app.errorhandler(404)
def error_404(exception):
    return {'message': 'Error: Resource not found.'}, 404


if __name__ == '__main__':
    app.run(host='127.0.0.1', port=8080, debug=True)
```

6.8.2 動作確認

アプリをデプロイして、次のことを確認します。

- /api/examplesにGETメソッドでリクエストを送り、JSONが返ってくることを確認する
- クラウドシェルでレスポンスを確認する

クラウドシェルから次のコマンドを実行します。

```
$ export EXAMPLE_URL=https://<EXAMPLE_PROJECT_ID>.appspot.com/
$ curl $EXAMPLE_URL/api/examples
------出力------
{"examples":[{"author":"Tsuyoshi Igarashi","id":1},{"author":"Ryutaro Miyayama","
id":2},{"author":"Mai Shirakawa","id":3}]}
```

このままではわかりにくいのでpython -m json.toolをパイプでつないで整形します。

```
$ curl $EXAMPLE_URL/api/examples | python -m json.tool
------出力------
  % Total    % Received % Xferd  Average Speed   Time    Time     Time  Current
                                 Dload  Upload   Total   Spent    Left  Speed
100   455  100   455    0     0     78      0  0:00:05  0:00:05 --:--:--   126
```

```
{
    "examples": [
        {
            "author": "Tsuyoshi Igarashi",
            "id": 1
        },
        {
            "author": "Ryutaro Miyayama",
            "id": 2
        },
        {
            "author": "Mai Shirakawa",
            "id": 3
        }
    ]
}
```


6.9 [実習] GETメソッド①

GuestBookアプリにデータを取得するlist APIを作成します。list APIは/api/greetingsにGETメソッドを使用して送られてきたときに、JSON形式でクライアントに返します。ここでは仮のデータを返します。

レスポンスデータ

```
{
  "greetings": [
    {
      "author": "Tuyoshi Igarashi",
      "id": 1,
      "message": "Hello"
    },
    {
      "author": "Ryutaro Miyayama",
      "id": 2,
      "message": "Looks good to me"
    }
  ]
}
```

6.9.1 実習の手順

実習の手順は次のようになります。

①インポートモジュールの確認
②リクエストの処理の追加
③index.html の作成

6.9.1.1 開発環境の確認

実習ではGuestBookアプリを使うので作業フォルダと仮想環境、gcloud configの設定をGuestBookアプリ用の設定にします。

次のコマンドを実行してGuestBookアプリの開発環境にします。

```
$ cd $HOME/gae-study/guestbook
$ source env/bin/activate
$ gcloud config set project <GUESTBOOK_PROJECT_ID>
```

6.9.1.2 ［手順①］インポートモジュールの確認

FlaskのHTTP通信ライブラリrequestをインポートします。

- flask.request

main.pyのインポート文は次のようになります。

```
from flask import Flask, abort, request, render_template
```

6.9.1.3 ［手順②］リクエストの処理の追加

/api/greetingsにGETメソッドを使って送られてきたときの処理を追加します。

- ビュー関数**greetings**を作成する
- ルーティングに /api/greetins を指定する
- レスポンスデータをJSON形式でクライアントに返す

main.pyは**リスト6.13**のような内容になります。

■リスト6.12 main.py

```
from flask import Flask, abort, request, render_template


app = Flask(__name__)


@app.route('/')
def home():
    message = 'App Engine勉強会 にようこそ'
    return render_template('index.html', message=message)


@app.route('/api/greetings')
def greetings(key_id=None):
    if request.method == 'GET':
        igarashi = {
            'id': 1,
            'author': 'Tuyoshi Igarashi',
            'message': 'Hello'
        }
        miyayama = {
            'id': 2,
            'author': 'Ryutaro Miyayama',
            'message': 'Looks good to me'
        }
        greetings = [igarashi, miyayama]
        res = {
            'greetings': greetings
        }
        return res


@app.route('/err500')
def err500():
    abort(500)


@app.errorhandler(404)
def error_404(exception):
    return {'message': 'Error: Resource not found.'}, 404


@app.errorhandler(500)
def error_500(exception):
    return {'message': 'Please contact the administrator.'}, 500
```

```
if __name__ == '__main__':
    app.run(host='127.0.0.1', port=8080, debug=True)
```

6.9.1.4 [手順③] index.html の作成

GuestBookアプリのクライアント画面を作成します。本書ではサーバーサイドプログラミングに主眼を置いているため、ここでは作成済みのindex.htmlをそのままtemplatesフォルダにコピーします。用意しているindex.htmlは、実際のクライアントアプリを意識して作成していますが、実用性よりも動作確認のしやすさを優先しているため、ユーザビリティは重要視していません。

- 完成コード「guestbook_flask_04」のindex.htmlをtemplatesフォルダにコピーする（コードの説明は割愛）
- index.htmlの画面は「コンテンツエリア」と「レスポンスエリア」大きく2つのエリアに分かれる（**図6.13**）
  - →コンテンツエリアはデータの登録や取得など、実際のクライアントアプリとして必要なコンテンツを表示する部分
  - →レスポンスエリアはWeb APIから返ってくるレスポンスデータを表示する

図6.13 index.html

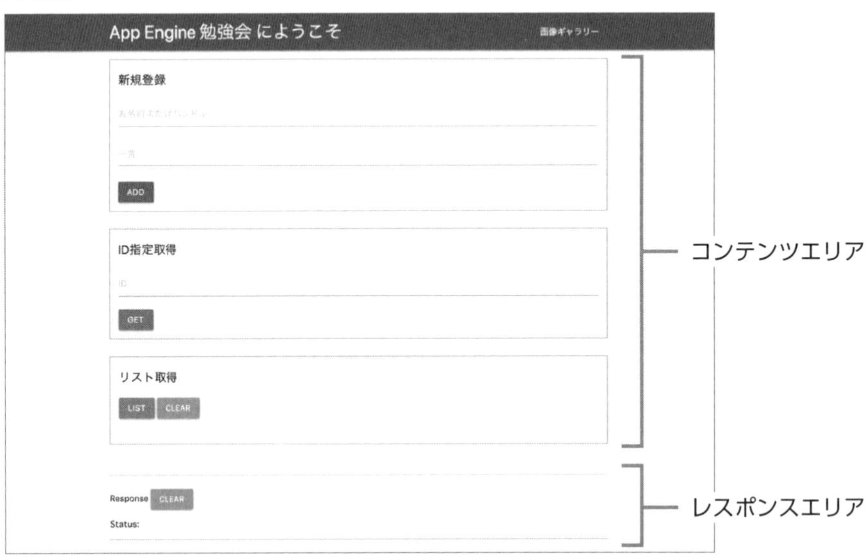

6.9.2 動作確認

アプリをデプロイして、次のことを確認します（**図6.14**）。

確認手順

①ブラウザからhttps://<GUESTBOOK_PROJECT_ID>.appspot.comを開く

② [LIST] ボタンをクリックして一覧を取得する

確認項目

→コンテンツエリアに一覧が表示されること

→レスポンスエリアにステータスコード200とJSONが表示されること

図6.14 アプリの動作確認

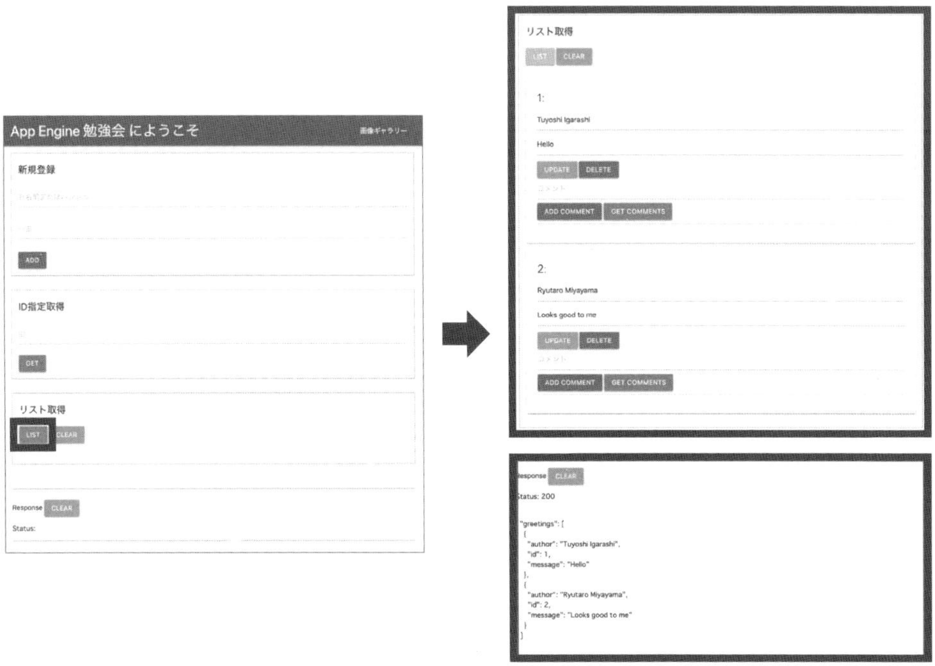

6.9.2.1 クラウドシェルで確認

実際の開発ではクライアント画面の作成が間に合わないこともよくあります。そういうときは何かしらの方法でリクエストを送り動作確認する必要があります。ここでは最も原始的な方法のcurlコマンドを使います。

クラウドシェルから次のコマンドを実行してレスポンスを確認します。

```
$ export GUESTBOOK_URL=https://<GUESTBOOK_PROJECT_ID>.appspot.com
$ curl $GUESTBOOK_URL/api/greetings | python -m json.tool
------出力------
{
    "greetings": [
        {
            "author": "Tuyoshi Igarashi",
            "id": 1,
            "message": "Hello"
        },
        {
            "author": "Ryutaro Miyayama",
            "id": 2,
            "message": "Looks good to me"
        }
    ]
}
```

6.10 POSTメソッドの練習

Exampleアプリにデータを登録するinsert APIを作成します。insert APIは/api/examplesにPOSTメソッドを使って送られてきたときに、ボディに含まれているJSONの内容に従ってシステムにデータを登楼します。登録後にクライアントに作成データをJSON形式で返します。

ここでは、まだDatastoreを用意していないため、仮のデータを返すようにします。

リクエストデータ

```
{
  "author": "Tsuyoshi Igarashi"
}
```

レスポンスデータ

```
{
  "author": "Tsuyoshi Igarashi",
  "id": 999
}
```

6.10.1 insert APIの作成手順

作成手順は次のようになります。

①インポートモジュールの確認
②リクエストの処理の追加

6.10.1.1 開発環境の確認

練習ではExampleアプリを使うので作業フォルダと仮想環境、gcloud configの設定をExampleアプリ用の設定にします。次のコマンドを実行します。

```
$ cd $HOME/gae-study/example
$ source env/bin/activate
$ gcloud config set project <EXAMPLE_PROJECT_ID>
```

6.10.1.2 [手順①] インポートモジュールの確認

インポート文に変更はありません。

6.10.1.3 [手順②] リクエストの処理の追加

/api/examplesにPOSTメソッドでリクエストが来たときの処理を追加します。

- POSTメソッドを許可する
- 固定のJSONをクライアントに返す
- レスポンスのステータスコードを201に設定する

```
@app.route('/api/examples', methods=['GET', 'POST'])
def examples():
    if request.method == 'GET':

        (……中略……)

    elif request.method == 'POST':
        json_data = request.get_json()
        res = {
            'id': 999
            'author': json_data['author']
        }
        return res, 201
```

6.10.2 動作確認

アプリをデプロイして次のことを確認します。

- /api/examples に POST メソッドでリクエストを送り、JSON が返ってくることを確認
- クラウドシェルから次のコマンドを実行して結果をレスポンスを確認

リクエストボディに JSON を指定する場合は Content-Type に application/json を指定します。

```
$ export EXAMPLE_URL=https://<EXAMPLE_PROJECT_ID>.appspot.com
$ curl $EXAMPLE_URL/api/examples -X POST -H "Content-Type: application/json" \
-d '{"author": "Tsuyoshi Igarashi"}' | python -m json.tool
{
    "author": "Tsuyoshi Igarashi"
    "id":999
}
```

6.11 [実習] POST メソッド

GuestBook アプリにデータを登録する insert API を作成します。insert API は /api/greetings に POST メソッドを使って送られてきデータを Datastore に保存し、結果を JSON 形式でクライアントに返します。ここでは仮のデータを返します。

レスポンスデータ

```
{
  "author": "白川 舞",
  "id": 999,
  "message": "よろしくお願いします。"
}
```

6.11.1 実習の手順

実習の手順は、リクエストの処理の追加だけです。

6.11.1.1 開発環境の確認

実習ではGuestBookアプリを使うので作業フォルダと仮想環境、gcloud configの設定をGuestBookアプリ用の設定にします。次のコマンドを実行します。

```
$ cd $HOME/gae-study/guestbook
$ source env/bin/activate
$ gcloud config set project <GUESTBOOK_PROJECT_ID>
```


6.11.1.2 [手順①] リクエストの処理の追加

/api/greetingsにPOSTメソッドでリクエストが来たときの処理を追加します。

- POSTメソッドを許可する
- 固定のJSONをクライアントに返す
- レスポンスのステータスコードを201に設定する

```
@app.route('/api/greetings', methods=['GET', 'POST'])
def greetings(key_id=None):
    if request.method == 'GET':

        (……中略……)

    elif request.method == 'POST':
        payload = request.get_json()
        res = {
            'id': 999,
            'author': payload['author'],
            'message': payload['message']
        }
        return res, 201
```

リクエストボディのJSONを取得するにはrequest.get_json() を使います。

```
payload = request.get_json()
```

get_jsonはJSONをパースして辞書オブジェクトで返します。キーを指定してJSONからデータを取得できます。

```
'author': payload['author'],
'message': payload['message']
```

6.11.2 動作確認

アプリをデプロイして次のことを確認します（**図6.15**）。

確認手順

①https://<GUESTBOOK_PROJECT_ID>.appspot.com を開く

②名前とメッセージ（一言）を入力し、[ADD] ボタンをクリックする

確認項目

[ADD] ボタンをクリックするJSONが返ってくること

図6.15 動作確認

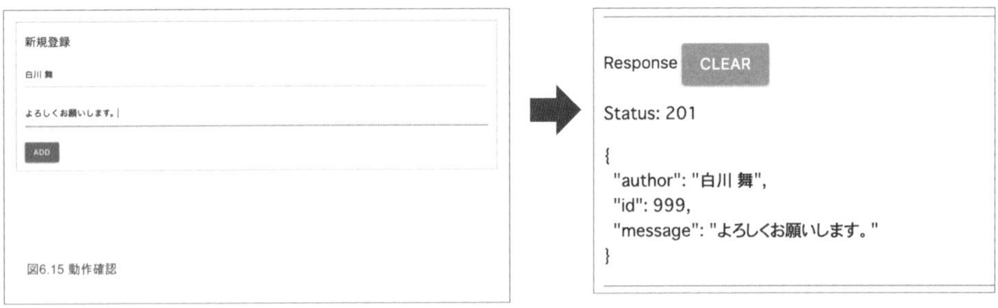

6.11.2.1 クラウドシェルで確認

クラウドシェルから次のコマンドを実行して、レスポンスデータを確認します。また、JSONに日本語が含まれてる場合はUnicodeエスケープで出力されます。

```
$ export GUESTBOOK_URL=https://<GUESTBOOK_PROJECT_ID>.appspot.com
$ curl $GUESTBOOK_URL/api/greetings -X POST -H "Content-Type: application/json" \
-d '{"author": "白川 舞", "message": "よろしくお願いします。"}' | python -m json.
tool
------出力------
{
    "author": "\u767d\u5ddd \u821e",
    "id": 999,
    "message": "\u3088\u308d\u3057\u304f\u304a\u9858\u3044\u3057\u307e\u3059\
u3002"
}
```

6.12 GETメソッド［練習②］

Flaskのルータには URL から変数を取得する仕組みが用意されています。たとえば /api/examples で author の一覧を取得していますが、/api/examples/igarashi など特定ユーザーの取得や処理をする場合に利用します。

URLから変数を取得するためには、

- ビュー関数は variable_name をキーワード引数として受け取る
- ルータへ登録する URL に対し、変数の位置を <variable_name> のように指定する

```
@app.route('/api/examples/<variable_name>')
def examples(variable_name=None):
    logging.info(variable_name)
```

「variable_name」の部分は任意の変数名に置き換えることができます。

6.12.1 get APIの作成手順

作成手順は、リクエストの処理の追加をするだけです。

6.12.1.1 開発環境の確認

練習では Example アプリを使うので作業フォルダと仮想環境、gcloud config の設定を Example アプリ用の設定にします。次のコマンドを実行します。

```
$ cd $HOME/gae-study/example
$ source env/bin/activate
$ gcloud config set project <EXAMPLE_PROJECT_ID>
```

6.12.1.2 ［手順］リクエストの処理の追加

/api/examples/<KeyID> に GET メソッドでリクエストが来たときの処理を追加します。

- examples 関数に key_id というキーワード引数を追加する
- key_id を受け取るルートを追加する
- GET メソッドの処理を修正する
- 固定の JSON をクライアントに返す

■ リスト6.13

```
@app.route('/api/examples/<key_id>')
 @app.route('/api/examples', methods=['GET', 'POST'])
def examples(key_id=None):
    if request.method == 'GET':
        if key_id:
            igarashi = {
                'author': 'Tsuyoshi Igarashi',
                'id': key_id
            }
            return igarashi
        else:
            igarashi = {
                'author': 'Tsuyoshi Igarashi',
                'id': 1
            }
            miyayama = {
                'author': 'Ryutaro Miyayama',
                'id': 2
            }
            shirakawa = {
                'author': 'Mai Shirakawa',
                'id': 3
            }
            examples = [igarashi, miyayama, shirakawa]
            res = {
                'examples': examples
            }
            return res
    elif request.method == 'POST':
      (……中略……)
```

6.12.2 動作確認

アプリをデプロイして次のことを確認します。

- /api/examples/<KeyId> に GET メソッドでリクエストを送り、JSON が返ってくることを確認
- クラウドシェル から次のコマンドを実行して結果をレスポンスを確認

```
$ export EXAMPLE_URL=https://<EXAMPLE_PROJECT_ID>.appspot.com
$ curl $EXAMPLE_URL/api/examples/1 | python -m json.tool
```

```
------出力------
{
    "author": "Tsuyoshi Igarashi",
    "id": 1
}
```


6.13 [実習] GETメソッド②

GuestBookアプリにデータを1件取得するget APIを作成します。get APIは /api/greetings/<KeyID> にGETメソッドでリクエストが送られてきます。パスパラメータKeyIDを使って、対象のデータを取得し、JSON形式でクライアントに返します。ここでは仮のデータを返します。

レスポンスデータ

```
{
  "author": "Tuyoshi Igarashi",
  "id": 1,
  "message": "Hello"
}
```

6.13.1 実習の手順

実習の手順は次のようになります。

①インポートモジュールの確認

②リクエストの処理の追加

6.13.1.1 開発環境の確認

実習ではGuestBookアプリを使うので作業フォルダと仮想環境、gcloud configの設定をGuestBookアプリ用の設定にします。次のコマンドを実行します。

```
$ cd $HOME/gae-study/guestbook
$ source env/bin/activate
$ gcloud config set project <GUESTBOOK_PROJECT_ID>
```

6.13.1.2 [手順①] インポートモジュールの確認

インポート文に変更はありません。

6.13.1.3 [手順②] リクエストの処理の追加

/api/greetings/<KeyId>にGETメソッドでリクエストが来たときの処理を追加します。

- greetings関数にkey_idというキーワード引数を追加する
- key_idを受け取るルートを追加する
- GETメソッドの処理を修正する
- 固定のJSONをクライアントに返す

■リスト6.14

```
@app.route('/api/greetings/<key_id>')
@app.route('/api/greetings', methods=['GET', 'POST'])
def greetings(key_id=None):
    if request.method == 'GET':
        if key_id:
            igarashi = {
                'id': key_id,
                'author': 'Tsuyoshi Igarashi',
                'message': 'Hello'
            }
            return igarashi
        else:
            igarashi = {
                'id': 1,
                'author': 'Tuyoshi Igarashi',
                'message': 'Hello'
            }
            miyayama = {
                'id': 2,
                'author': 'Ryutaro Miyayama',
                'message': 'Looks good to me'
            }
            greetings = [igarashi, miyayama]
            res = {
                'greetings': greetings
            }
            return res
    elif request.method == 'POST':
        (……中略……)
```

6.13.2 動作確認

アプリをデプロイして次のことを確認します。

確認手順

①https://<GUESTBOOK_PROJECT_ID>.appspot.comを開く
② [List] ボタンをクリックして一覧を取得し、いずれかのKeyIDをコピーする
③KeyIDを入力して [Get] ボタンをクリックする

確認項目

[Get] ボタンをクリックするとJSONが返ってくること

図6.16 確認の手順

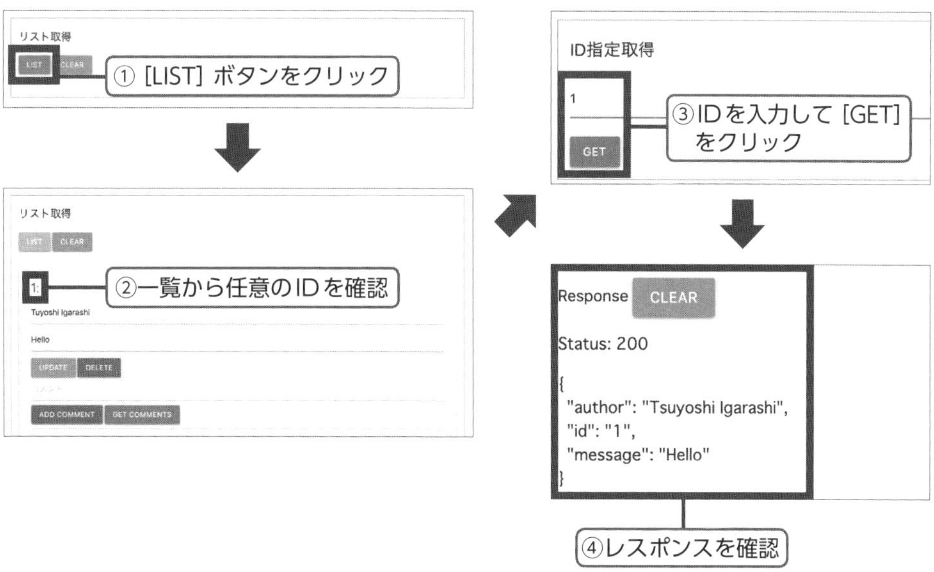

6.13.2.1 クラウドシェルで確認

クラウドシェルから次のコマンドを実行して、レスポンスデータを確認します。

```
$ export GUESTBOOK_URL=https://<GUESTBOOK_PROJECT_ID>.appspot.com
$ curl $GUESTBOOK_URL/api/greetings/1 | python -m json.tool
------出力------
{
```

```
    "author": "Tsuyoshi Igarashi",
    "id": "1",
    "message": "Hello"
}
```

第7章

ログ

第7章 ログ

7.1 アプリケーションログ

プログラムが正しく動作しない場合、ログを確認して問題の手がかりを得て修正します。GAEでもログを確認する方法が提供されています。GAEにはリクエストログと呼ばれるリクエストごとにApp Engineによって自動的に書き込まれるログと、アプリから任意のデータやメッセージを出力させることができるアプリログがあります。これらのログは開発環境ではクラウドシェルのようなアプリを実行したターミナルの標準出力で確認できます。本番環境ではStackdriver Loggingの画面から確認できます（**図7.1**）。

図7.1 ターミナルのログ、GCPコンソールのログ

ターミナルのログ

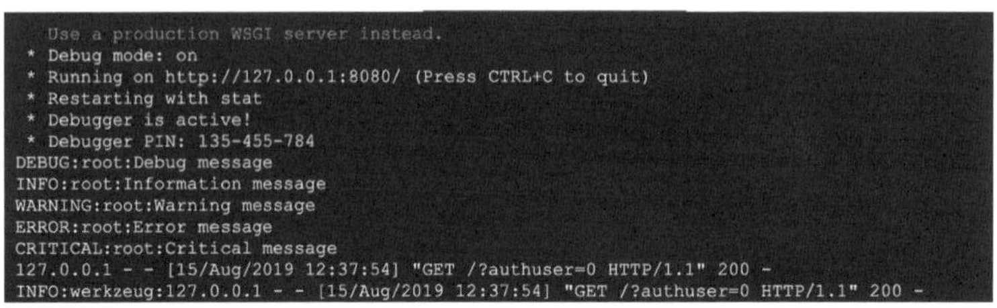

GCPコンソールのログ

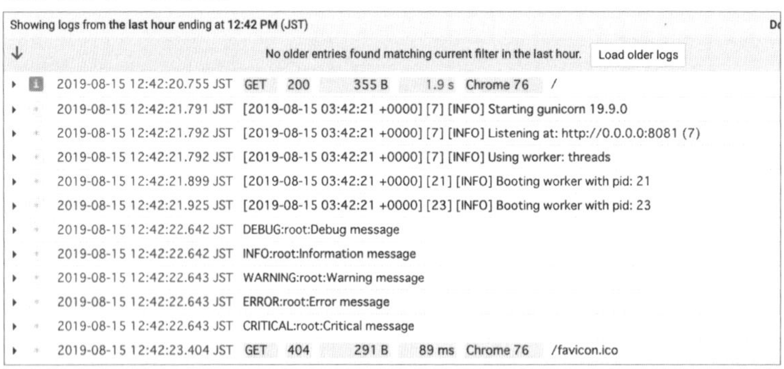

7.1.1 ログを出力する3つの方法

GAE 2ndではログを出力する方法が大きく3通りあります。

- Python loggingモジュールを使った方法
- Logging Client Librariesを使った方法
- Cloud Logging Handlerを使った方法

それぞれ長所、短所があり一概にどれが良いというのは現時点では評価できません。すべての方法を説明しますが、本書ではもっともシンプルな**Python loggingモジュールを使った方法**を主として使うため、実習で解説するのは**Python loggingモジュールを使った方法**だけです。

7.2 Python logging モジュールを使ったログ出力

GAEではログを出力するためのAPIが用意されており、アプリログはPythonの標準モジュール**logging**を使って出力できます。

7.2.1 Python logging モジュールを使ったログ出力の練習

使い方は簡単で、loggingモジュールをimportし、出力レベルに合わせたメソッドに表示したい文字列を引数に指定して実行します。loggingモジュールは、次の5つの出力レベルが用意されています。

- DEBUG：デバッグ
- INFRORMATION：情報
- WARNING：警告
- ERROR：エラー
- CRITICAL：クリティカル

実行手順は次のようになります。

①インポートモジュールの確認

②ログの出力

7.2.1.1 開発環境の確認

練習ではExampleアプリを使うので作業フォルダと仮想環境、`gcloud config`の設定をExampleアプリ用の設定にします。

次のコマンドを実行してExampleアプリの開発環境にします。

```
$ cd $HOME/gae-study/example
$ source env/bin/activate
$ gcloud config set project <EXAMPLE_PROJECT_ID>
```

7.2.1.2 [手順①] インポートモジュールの確認

ログ出力に必要な次のモジュールをインポートします。

- logging

インポート文は**リスト7.1**のようになります。

■ **リスト7.1 インポート文例**

```
import logging

from flask import Flask
```

7.2.1.3 [手順②] ログの出力

トップページにアクセスしたときに、**リスト7.2**の5つの出力レベルでログを出力します。

■ **リスト7.2 ログ出力例**

```
@app.route('/')
def home():
    logging.debug("Debug message")
    logging.info("Information message")
    logging.warning("Warning message")
    logging.error("Error message")
    logging.critical("Critical message")

    message = 'Logging Sample'
    return render_template('index.html', message=message)
```

7.2.2 ローカル環境で確認

アプリをローカル環境で実行して動作確認をします。クラウドシェルの「Webでプレビュー」からWebページにアクセスすると、次のようなログがターミナルに表示されます。DEBUGレベルとINFORMATIONレベルのログが出力されていません。

```
WARNING:root:Warning message
ERROR:root:Error message
CRITICAL:root:Critical message
```


次に、アプリをデプロイしてコンソール画面からログの確認をします。[Navigation menu] → [Logging] → [Logs Viewer] で確認できます（**図7.2**）。

図7.2 コンソール画面からログの確認を行う

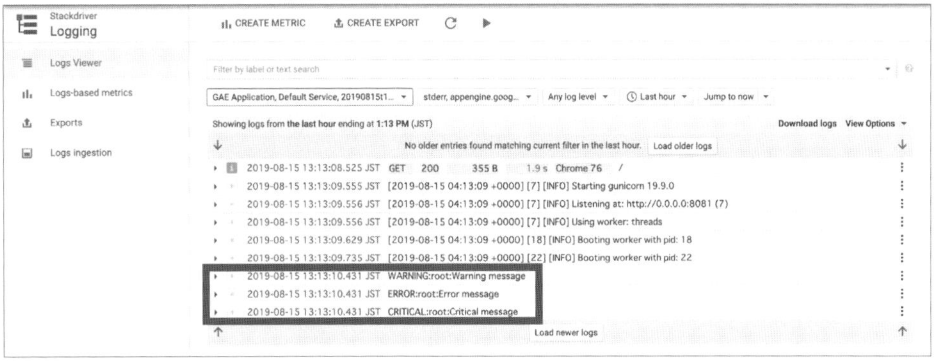

7.2.2.1 ログ出力の練習（続き）出力レベルの変更

デフォルトではinfomationレベル以下のログは出力されません。出力レベルを変更したい場合は、`logging.getLogger().setLevel`（出力レベル）で設定できます。main.pyのimport文の下に出力レベルの設定値を変更します（**リスト7.3**）。

■**リスト7.3** main.py

```
import logging

from flask import Flask

app = Flask(__name__)
# 出力レベルをDEBUGに指定
logging.getLogger().setLevel(logging.DEBUG)
```

```
@app.route('/')
def home():
(……略……)
```

7.2.2.2 Exceptionのログ出力

エラーハンドラや例外などがあって、エラーのスタックトレースをしたい場合には、logging.exceptionメソッドを使います。引数には、任意のメッセージを指定します。また、Exceoptionオブジェクトを指定した場合は、Exceptionオブジェクトが持つエラーメッセージが表示されます。main.pyに404エラーのハンドラーを追加します。

■リスト7.4 main.py（404エラーのハンドラー追加）

```
@app.errorhandler(404)
def error_404(exception):
    logging.exception(exception)
    return {'message': 'Error: Resource not found.'}, 404
```

7.2.2.3 main.pyの修正個所

main.pyは次のような内容になります。

■リスト7.5 main.py

```
import logging

from flask import render_template, Flask

app = Flask(__name__)
# 出力レベルをDEBUGに指定
logging.getLogger().setLevel(logging.DEBUG)


@app.route('/')
def home():
    logging.debug("Debug message")
    logging.info("Information message")
    logging.warning("Warning message")
    logging.error("Error message")
    logging.critical("Critical message")

    message = 'Logging Sample'
    return render_template('index.html', message=message)
```

```
def error_404(exception):
    logging.exception(exception)
    return {'message': 'Error: Resource not found.'}, 404


if __name__ == '__main__':
    app.run(host='127.0.0.1', port=8080, debug=True)
```


7.2.3 デプロイして確認

アプリをデプロイして動作確認をします（**図7.3**）。

① 「https://<EXAMPLE_PROJECT_ID>.appspot.com」にアクセスして、DEBUGレベルとINFORMATIONレベルのログが出力されていることを確認

②存在しないURLにアクセスすると、`{'message': 'Error: Resource not found.'}`というJSONが表示されることを確認

図7.3 動作確認

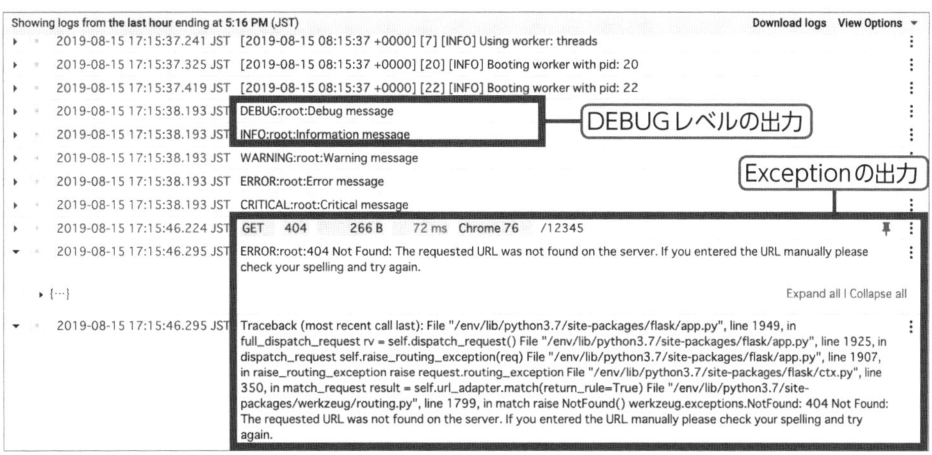

7.3 ［実習］ログ出力

GuestBookアプリにログ出力の処理を追加します。404エラーと500エラーが起きたときに、ログにエラーのスタックトレースを出力しましょう。また、DEBUGレベルの出力にも対応できるようにしましょう。

7.3.1 実習の手順

実習の手順は次のようになります。

①インポートモジュールの確認
②ログの出力

7.3.1.1 開発環境の確認

実習ではGuestBookアプリを使うので作業フォルダと仮想環境、gcloud configの設定をGuestBookアプリ用の設定にします。

次のコマンドを実行してGuestBookアプリの開発環境にしましょう。

```
$ cd $HOME/gae-study/guestbook
$ source env/bin/activate
$ gcloud config set project <GUESTBOOK_PROJECT_ID>
```

7.3.1.2 ［手順①］インポートモジュールの確認

ログ出力に必要なモジュール「logging」をインポートします。

```
import logging

from flask import Flask, abort, request, render_template
```

7.3.1.3 ［手順②］ログの出力

main.pyに次の処理を追加します（**リスト7.6**）。

- 出力レベルをDEBUGに指定する
- 500エラーを返すエラーハンドラーerr500を作成する

- 404と500のエラーハンドラーを追加し、次のメッセージを返す

```
404: {'message': 'Error: Resource not found.'}
500: {'message': 'Please contact the administrator.'}
```

- 「https://<GUESTBOOK_PROJECT_ID>.appspot.com/err500」にアクセスすると500エラーを返すようにする（Flaskでは`code:abort`（ステータスコード）でエラーを返せる）

■ **リスト7.6 main.py**

```
@app.route('/err500')
def err500():
    # 500エラーを返す
    abort(500)



def error_404(exception):
    logging.exception(exception)
    return {'message': 'Error: Resource not found.'}, 404



def error_500(exception):
    logging.exception(exception)
    return {'message': 'Please contact the administrator.'}, 500
```


7.3.2 動作確認

アプリをデプロイして次のことを確認しましょう。

- 確認手順
  →404エラーを確認するため、`https://<GUESTBOOK_PROJECT_ID>.appspot.com/abcdefg`にアクセスする
  →500エラーを確認するため、`https://<GUESTBOOK_PROJECT_ID>.appspot.com/err500`にアクセスする
- 確認項目
  →404エラーが起きたときにログが出力されてることを確認する
  →500エラーが起きたときにログが出力されてることを確認する

7.3.3 解答

完成コード「guestbook_logging」を確認してください。

7.4 Logging Client Librariesを使ったログ出力

ログ出力の2つ目の方法について説明します。Logging Client Librariesを使ってログの出力を行うことができます。このライブラリを使うとStackdriverのログエントリーを操作できます。ログを取得したり、削除したり、追加したりできます。2つ目の方法はログエントリーを追加するという方法で、アプリログの出力を行います。また、この方法ではログの出力レベルに合わせてあわせてアイコンを変えることができます。

出力レベルは次の5つの出力レベルが用意されていて、Python loggingモジュールと同じです。

- DEBUG：デバッグ
- INFRORMATION：情報
- WARNING：警告
- ERROR：エラー
- CRITICAL：クリティカル

図7.4 アイコンから判断できないログ画面

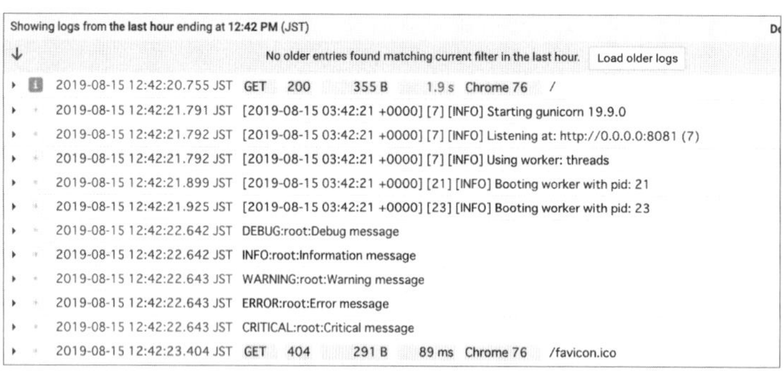

Python loggingモジュールでは出力レベルのアイコンは何も入ってませんでした。そのため、`logging.error()`などのように出力レベルを指定してもアイコンから判断できません（**図7.4**）。

7.4.1 Logging Client Libraries を使ったログ出力の方法の練習

それでは、ログ出力の練習をします。

- 準備

  Logging Client Libraries のインストール

- 手順

  ①インポートモジュールの確認

  ②ログの出力

  ③404エラーハンドラの修正

7.4.1.1 開発環境の確認

練習ではExampleアプリを使うので作業フォルダと仮想環境、`gcloud config`の設定をExampleアプリ用の設定にします。

次のコマンドを実行してExampleアプリの開発環境にしましょう。

```
$ cd $HOME/gae-study/example
$ source env/bin/activate
$ gcloud config set project <EXAMPLE_PROJECT_ID>
```

7.4.2 [準備] Logging Client Librariesのインストール

Stacdriver Loggingのログエントリーを操作するためのライブラリをインストールします。Logging Client Librariesは**google-cloud-logging**というパッケージ名で提供されています。requirements.txtに次の1行追加します。

```
google-cloud-logging==1.12.1
```

インストールします。

```
pip install -r requirements.txt
```

これで準備は完了です。

7.4.2.1 [手順①] インポートモジュールの確認

ログ出力に必要なのモジュール「google.cloud.logging」をインポートします。インポート文は次のようになります。

```
from flask import Flask, render_template
from google.cloud import logging
```

7.4.2.2 [手順②] ログの出力

トップページにアクセスしたときに、google.cloud.loggingモジュールを使ってでログを出力します。出力は次のようになります。

■リスト7.7 ログ出力

```
@app.route('/')
def home():
    # ロギングクライアントオブジェクトを取得
    logging_client = logging.Client()

    # ログネームを設定する
    logger = logging_client.logger('MyExampleApplication')

    # ログを出力する
    logger.log_text('Debug message', severity='DEBUG')
    logger.log_text('Information message', severity='INFO')
    logger.log_text('Warning message', severity='WARNING')
    logger.log_text('Error message', severity='ERROR')
    logger.log_text('Critical message', severity='CRITICAL')

    message = 'Logging Sample'
    return render_template('index.html', message=message)
```

home関数の処理を見てみましょう。まずはlogging.Client()でロギングクライアントオブジェクトを取得します。これを使ってStackdriver LoggingのAPIを操作します。

```
# ロギングクライアントオブジェクトを取得
logging_client = logging.Client()
```

次に、logging_client.logger('MyExampleApplication')でロガーオブジェクトを取得します。引数に指定した文字列がログネームとなり、ログエントリが属するログのリソース名の一部として、logName: "projects/<プロジェクトID>/logs/MyExampleApplication"のように出力されます。

```
# ログネームを設定する
logger = logging_client.logger('MyExampleApplication')
```

logger.log_text("メッセージ", severity='出力レベル')で出力メッセージと出力レベルを指定します。

```
logger.log_text('Debug message', severity='DEBUG')
logger.log_text('Information message', severity='INFO')
logger.log_text('Warning message', severity='WARNING')
logger.log_text('Error message', severity='ERROR')
logger.log_text('Critical message', severity='CRITICAL')
```


7.4.2.3 [手順③] 404エラーハンドラの修正

404エラーハンドラのログ出力のコードをコメントアウトします。

```
@app.errorhandler(404)
def error_404(exception):
    # logging.exception(exception)
    return {'message': 'Error: Resource not found.'}, 404
```

残念ながら、ロギングクライアントオブジェクトにlogging.exception相当のAPIは用意されていません。そのため、簡単にスタックトレースを出力できません。この方法を選ばなかった理由の1つです。

7.4.2.4 main.py

main.pyは**リスト7.8**のような内容になります。

■ **リスト7.8** main.py

```
import sys

from flask import Flask
from google.cloud import logging


app = Flask(__name__)
```

```
@app.route('/')
def home():
    # ロギングクライアントオブジェクトを取得
    logging_client = logging.Client()

    # ログネームを設定する
    logger = logging_client.logger('MyExampleApplication')

    # ログを出力する
    logger.log_text('Debug message', severity='DEBUG')
    logger.log_text('Information message', severity='INFO')
    logger.log_text('Warning message', severity='WARNING')
    logger.log_text('Error message', severity='ERROR')
    logger.log_text('Critical message', severity='CRITICAL')

    message = 'Logging Sample'
    return render_template('index.html', message=message)



def error_404(exception):
    # logging.exception(exception)
    return {'message': 'Error: Resource not found.'}, 404


if __name__ == '__main__':
    app.run(host='127.0.0.1', port=8080, debug=True)
```

7.4.3 動作確認

アプリをデプロイして次のことを確認します。

- 確認手順

https://<EXAMPLE_PROJECT_ID>.appspot.com にアクセスします（**図7.5**）。

図7.5 ブラウザでデプロイを確認

● 確認項目

→Stackdriver Loggingを起動し、ログが出力されているか確認する（**図7.6**）

・リソースが「GAE アプリ」の場合はログが表示されない

・リソースが「グローバル」を選択するとログが表示される

図7.6 Stackdriver Loggingで確認

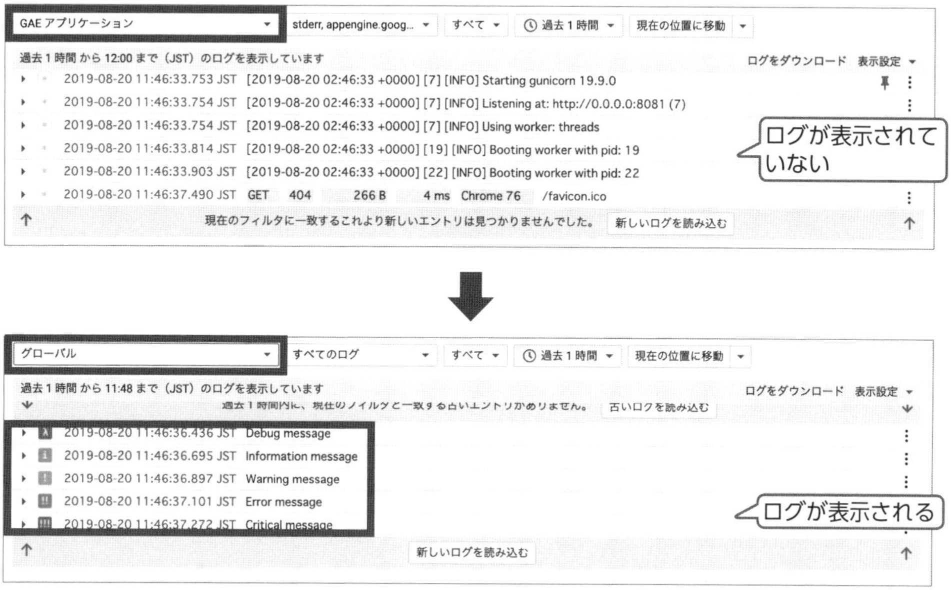

Logging Client Librariesを使ったログ出力では、GAEアプリからログを出力しても「GAE アプリ」として出力されません。これも本稿でこの方法を選択しなかった理由です。log_structというAPIを使うことででリソースを「GAE アプリ」として出力させることもできますが、やや手順が複雑になるため本書では割愛します。

7.5 Cloud Logging Handlerを使ったログの出力

この方法は、Python loggingモジュールで出力したログをLogging Client Librariesを経由してStackdriverのログエントリーに書き出します。Python loggingモジュールをStackdriver Loggingに結び付けることができるため、使い慣れたPython loggingモジュールと同じ方法でログを出力できます。

7.5.1 Cloud Logging Handler を使ったログの出力の練習

それでは、実際にCloud Logging Handlerを使ったログの出力の練習をしてみましょう。

● 手順

①インポートモジュールの確認

②ロギングハンドラーの設定

③ログの出力

7.5.1.1 [手順①] インポートモジュールの確認

ログ出力に必要な次のモジュールをインポートします。

- logging
- google.cloud.logging

インポート文は次のようになります。２つのloggingモジュールをインポートするため、`google.cloud.logging`は`cloud_logging`という別名を付けます（**リスト7.9**）。

■リスト7.9 main.py設定

```
import logging

from flask import Flask, render_template
from google.cloud import logging as cloud_logging
```

7.5.1.2 [手順②] ロギングハンドラーの設定

main.pyを修正してロギングハンドラーを設定します。ロギングハンドラーを使うことで、Python loggingモジュールをStackdriverに結びつけることができます。ロギングハンドラーの取得は**リスト7.10**のようになります。

■リスト7.10 ロギングハンドラーの取得

```
# ロギングクライアントオブジェクトを取得
logging_client = cloud_logging.Client()

# Python loggingモジュールを結びつける
logging_client.setup_logging()

# 名前をつけてロガーを取得する
```

```
logger = logging.getLogger("MyExampleApplication")

# 出力レベルをセットする
logger.setLevel(logging.DEBUG)
```

cloud_logging.Client()でロギングクライアントオブジェクトを取得します。次に、Python loggingモジュールをStackdriver Loggingに結びつけます。

```
# ロギングクライアントオブジェクトを取得
logging_client = cloud_logging.Client()

# Python loggingモジュールを結びつける
logging_client.setup_logging()
```

Python loggingモジュールのロガーを取得し、出力レベルをDEBUGレベルにセットします。

```
# 名前をつけてロガーを取得する
logger = logging.getLogger("MyExampleApplication")

# 出力レベルをセットする
logger.setLevel(logging.DEBUG)
```

7.5.1.3 ［手順③］ログの出力

トップページにアクセスしたときに、**リスト7.11**の5つの出力レベルでログを出力します。ログの出力はPython loggingモジュールと同じです。

■リスト7.11 ログ出力レベルの設定

```
@app.route('/')
def home():
    logger.debug("Debug message")
    logger.info("Information message")
    logger.warning("Warning message")
    logger.error("Error message")
    logger.critical("Critical message")

    message = 'Logging Sample'
    return render_template('index.html', message=message)
```

7.5.1.4 main.py

main.pyは**リスト7.12**のような内容になります。

■**リスト7.12** main.py

```
import logging
def home():
from flask import Flask
from google.cloud import logging as cloud_logging
# ロギングクライアントオブジェクトを取得
logging_client = cloud_logging.Client()

# Python loggingモジュールを結びつける
logging_client.setup_logging()

# 名前をつけてロガーを取得する
logger = logging.getLogger("MyExampleApplication")

# 出力レベルをセットする
logger.setLevel(logging.DEBUG)

app = Flask(__name__)

@app.route('/')
def home():

    # ログを出力する
    logger.debug("Debug message")
    logger.info("Information message")
    logger.warning("Warning message")
    logger.error("Error message")
    logger.critical("Critical message")

    message = 'Logging Sample'
    return render_template('index.html', message=message)



def error_404(exception):
    # logging.exception(exception)
    return {'message': 'Error: Resource not found.'}, 404


if __name__ == '__main__':
    app.run(host='127.0.0.1', port=8080, debug=True)
```

7.5.2 動作確認

アプリをデプロイして「https://<EXAMPLE_PROJECT_ID>.appspot.com」にアクセスして次のことを確認します。

● 確認手順

Stackdriver Loggingを起動し、ログが出力されているか確認します（**図7.7**）。

図7.7 Stackdriver Loggingの確認画面

ログに出力されますが、出力レベルのアイコンがセットされず、「DEBUG：root：」などの出力レベル相当のメッセージがないため、画面から確認する方法がありません。これが本書がこの方法を選ばなかった理由です。

3つのログの出力方法を説明しましたが、本書執筆時点ではどれも不完全です。GAE 1stではリクエストごとにログがひとまとめになり、出力レベルのアイコンもデフォルトで設定されてましたが、GAE 2ndでは残念ながらログに関しては操作性が悪くなったと個人的には考えています。

7.5.3 Exampleプロジェクトのクリーンアップ

以降はLogging Client Librariesを使いません。次の操作をしてExample Applicationプロジェクトから削除します。

● requirements.txtから削除し、pip uninstallを実行する

```
Flask==1.1.1
google-cloud-logging==1.12.1    ←この行を削除します
```

モジュールをアンインストールします。

```
$ pip uninstall google_cloud_logging
```

第8章

Cloud Datastore を使う

第8章 Cloud Datastoreを使う

8.1 Cloud DatastoreとCloud Firestore

GCPの代表的なデータベースサービスの「Cloud Datastore」と「Cloud Firestore」を取り上げます。この2つのサービスはもともとはまったく異なるサービスだったのですが、現在は混同されて使われることがあります。そのため、これからGoogle Apps Engine（以降、GAE）を触る人にとって混乱の元になっています。なぜそのようなことが起きているのか、それはCloud Firestoreの機能の一部が現在はCloud Datastoreの機能を置き換えているからです。ここでは、歴史的な背景も含めながら2つのサービスの違いを説明します。

8.1.1 Cloud Firestoreとは

Cloud Firestoreは、モバイルやWebアプリのバックエンドでよく使用されます。柔軟な運用が可能でスケーラブルに対応できるNoSQLデータベースサービスです。Cloud Firestoreにはネイティブモードとdatastoreモードがあり、以前のCloud Datastoreは、現在はCloud FirestoreのDatastoreモードに置き換えられています。

Webアプリの代表的なデータストレージとして、MySQLなどのリレーショナルデータベース（以降、RDB）があります。実際に現在のWebサービスはバックエンドのデータベースとしてRDBを選択しているところが多いです。Google App EngineでもMySQLのようなRDBを使うことはできますが、Cloud FirestoreのDatastoreモードというオブジェクトデータベース型のデータストレージの使用が推奨されています。

8.1.2 Realtime Databaseとネイティブモード

Realtime Databaseとは、モバイルバックエンドで使用する既存のデータベースサービスでFirebaseの代表的な機能の1つです。これはNoSQLデータベースでデータを1つの大きなJSONツリーとして保存します。クライアントとリアルタイムに同期したりオフラインの同期などにも対応しているのが特徴です。Cloud Firestoreのネイティブモードでは、Realtime Databaseの特徴を引き継いで、より高度なクエリと高速なスケーリングを実現したNoSQLデータベースです。

8.1.3 Cloud DatastoreとDatastoreモード

Cloud Datastoreとは、GCPの古くからあるKVS（Key Value Store）タイプのデータベースサービスで、GAEが登場したときから存在しています。

もともとCloud DatastoreはGAEのデフォルトのデータベースとして登場しました。当時は"Cloud"は付かずに、ただの"Datastore"でしたが、その後"Cloud Datastore"という名前でGCPのプロダクトの1つとして提供され、GAE以外からでも利用できるようになりました。さらに、Cloud FirestoreのDatastoreモードがリリースされ、現在ではCloud FirestoreのDatastoreモードがCloud Datastoreの最新バージョンとなりました。将来的には、既存のすべてのCloud DatastoreデータベースがDatastoreモードのCloud Firestoreに自動的にアップグレードされる予定です。

以前のCloud Datastoreは、優れた自動スケーリング機能を備えていましたが、そのトレードオフとして、「クエリは強整合性を保証しない」「1つのエンティティグループに対する書き込みは1秒間に1回だけ」「1トランザクションに対するエンティティグループの数は25まで」などのような制限がありました。Cloud FirestoreのDatastoreモードは、Cloud Datastoreの自動スケーリングと高パフォーマンスを引き継ぎながら、さらにこれらの制限を解消しました（**図8.1**）。

本書では、Cloud Firestore Datastoreモードでバックエンドをバックエンドのデータベースとして使用します。GCPのサービスの名称では正確にはCloud Firestore Datastoreモードと表記すべきですが、公式ドキュメントではCloud Firestore DatastoreモードとCloud DatastoreをひとまとめにDatastoreと表記されているため、本書でもそのように表記します。

図8.1 Cloud DatastoreとCloud Firestore

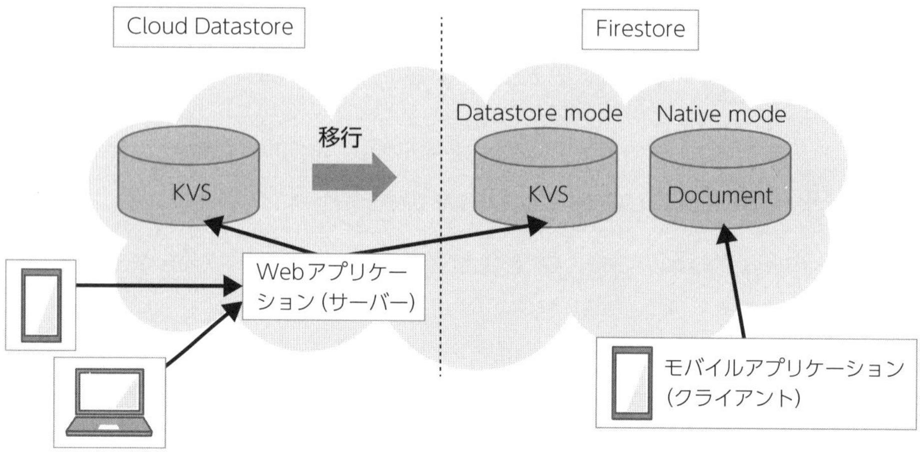

8.1.4 Datastoreの特徴

Datastoreは次のような特徴があります。

- NoSQL
- スキーマレス
- フルマネージドサービス

8.1.4.1 NoSQL

DatastoreはKVS型のNoSQLと呼ばれるデータベースです。大量のデータが登録されてもクエリの速度が低下しないのが特徴です。また、RDBは基本的にすべてのデータが1台のサーバーに保存されるようなアーキテクチャで設計されていますが、Datastoreは複数のノードに分散されてデータ保存されます。現在のDatastoreはHigh Replication Datastore（HRD）と呼ばれるものになっていて、複数のデータセンター間で複製され、数千台のマシン全体で、数十億行を格納できるように設計されています。

8.1.4.2 スキーマレス

さらに特徴として挙げられるのは、Datastoreがスキーマレス設計であることです（**図8.2**）。RDBでは、テーブルを作成するときはスキーマを定義する必要があります、Datastoreはカインド（Kind）と呼ばれるテーブル相当のものはありますが、保存するデータの構造を事前に定義する必要はありません。RDBではあとから定義を変更したときに、ALTER TABLEなどのコマンドで定義情報を更新せねばなりませんが、Datastoreではそのような必要ありません。カラムも自由に操作できます（Datastoreではカラム相当の概念をプロパティと呼びますがここではあえてカラムと表記します）。RDBでは1件のデータに含まれるカラムは決まっていますが、Datastoreは、あとからカラムの増減ができます。

図8.2 スキーマレス設計のDatastore

Datastoreはデータ構造の定義がないので、自由にプロパティ（カラム）を設定できる

name	first_name	last_name	middle_name	created
五十嵐 毅				2019-08-08
	チェ	ミヤマ		2019-08-09
	舞	白川		2019-08-09
	龍太郎	宮山	ドラゴン	2019-08-10

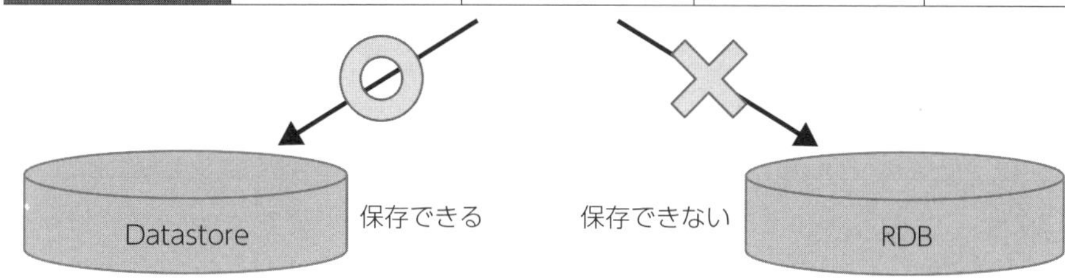

8.1.4.3 フルマネージドサービス

Datastoreはスケーリングも管理される、完全な「フルマネージドサービス」です。GAEのインスタンスはリクエストの数に合わせて自動的にスケールアウトされますが実際にインスタンスが100、200と増えていくと、Datastoreへの同時アクセス数も増えます。そのためDatastoreもそれに合わせてインスタンスの数を管理しなければなりませんが、増加したリクエストに合わせて必要な分のインスタンスを自動調整してくれます（**図8.3**）。インターネット上でのキャンペーンなどの要因で急にリクエストが増大しても、Datastoreは秒間1万以上ものクエリに容易に対応します。また、データのシャーディングとレプリケーションなども自動で行われます。開発者はスケールアウトだけでなくバックアップや障害に対しても意識する必要がありません。

図8.3 フルマネージドサービスのしくみ

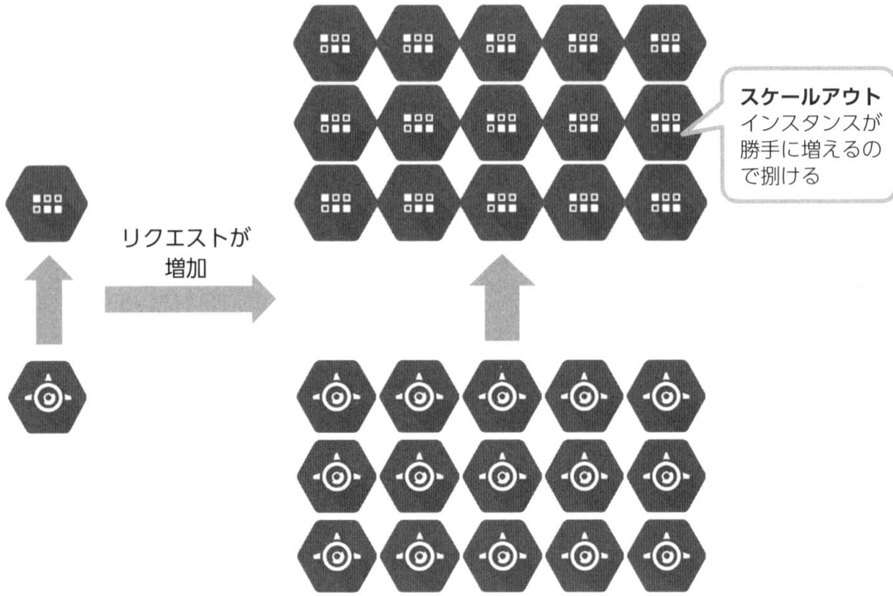

8.1.5 DatastoreとRDBの比較

DatastoreとRDBの違いを解説します。

8.1.5.1 クエリの違い

Datastoreもクエリをサポートしていますが、簡単な条件検索しかできません。また、JOINやサブクエリもできません。そのため、複雑な条件でデータを抽出したい場合は、単純な条件で余分なデータを含めて取得し、プログラム上でふるいをかけたり、ジョインする必要があります。これらからもクエリ機能についてはRDBのほうが優れていると言えます。

8.1.5.2 スケーラビリティの違い

GAEはスケーラビリティに重点を置いているので、クエリが不得手でもDatastoreを推奨しています。それは、GAEからの同時アクセスに耐えられるからです。GAEのインスタンスはリクエストに合わせてスケールアウトするので、RDBでは複数のインスタンスからの同時アクセスを受けるのは限界があります。また、RDBはデータ量が増えるとアクセス速度が落ちますが、Datastoreは安定した速度を提供します。Datastoreでないと Googleが求めていたスケーラビリティ（拡張性）とリライアビリティ（信頼性）が実現できないのです。

8.1.6 Datastoreの構成

表8.1はDatastoreとRDBで使用されている用語の比較です。Datastoreでは保存されている1件分のデータのことを、エンティティと呼びます。これはRDBのレコード相当です。エンティティの種類のことをカインドと呼び、カインドはRDBのテーブル相当です。また、RDBにはない概念で、エンティティグループが存在しますが、これは第9章で説明します。

●**表8.1** データベース用語の対応

コンセプト	クラウドデータストア	RDB
データカテゴリ	カインド	テーブル
データ1件分	エンティティ	レコード
ユニークID	キー	プライマリーキー
項目・要素	プロパティ	フィールド・カラム

8.1.6.1 エンティティの構成要素

エンティティは**キー**と複数の**プロパティ**で構成されます。

キー

キーはエンティティの主キーで、RDBのプライマリキーに相当します。キーはLong型のIDまたは、String型のNameから作成されます（本書ではキーのIDを**KeyID**、キーのNameを**KeyName**と表記します）。

RDBではプライマリキーを持たないテーブルを作成できますが、Datastoreの場合は必ずキーが必要になります。また、RDBではプライマリキーを自動的にインクリメント（増加）してユニークIDやシーケンシャルな番号として使いますが、Datastoreの場合は一意なデータの取得にはキーを使った検索が一番強力なので、検索に利用する一意な値を使ってキーを作成することが多いです。たとえば、ユーザー情報を管理するカインドを用意する場合はE-mailアドレスやユーザーIDなどを使ってキーを作成します。何も指定しない場合はIDが自動的に割り振られます。

プロパティ

エンティティのキー以外の値のことをプロパティと呼びます。プロパティにも型があり、String, Integer, Booleanなどがあります。そのほかには、複数の値を持つマルチバリュープロパティというものをサポートしています。Datastoreはスキーマレスとなっているため、同じカインドのエンティティでも同じプロパティを持つとは限りません。また、同じ名前のプロパティでも異なるデータ型を入れることができます。プロパティはいくらでも増やすことができますが、エンティティのサイズが最大で1MBという制約があります。

8.2 Datastoreにデータを保存する

Datastoreにデータ保存する方法を、Exampleアプリで説明します。Exampleアプリでは Exampleという名前のカインドにエンティティを新規保存します。エンティティの構造を見てみましょう。Exampleエンティティは**表8.2**に示す1のキーと2つのプロパティを持っています。

●**表8.2** Example Kindの構造

キー／プロパティ	型	内容
キー	Long	KeyID（自動生成されるLong型のキーのIDです）
author	String	名前
created	DateTime	登録日時

キーのIDは自動的に割り振られるLong型の数値を使います。authorプロパティは文字列が入り、createdプロパティは現在日時が自動的に入るようにします。

8.2.1 Google Cloud Client Libraryのインストール

GCPのリソースを操作するためにさまざまなプログラミング言語に対応したGoogle Cloud Client Libraryが提供されています。Google Cloud Client Libraryを使うことで複雑なGCPのAPIをプログラムから簡単に操作できます。

Google Cloud Client Library for pythonはPython言語向けに提供されたGoogle Cloud Client Libraryです。Google Cloud Client LibraryにはGCPの各サービスに合わせてgoogle-cloud-<サービス名称>がそれぞれ用意されています。

前章でインストールしたLogging Client LibrariesもGoogle Cloud Client Libraryの1つで、google-cloud-loggingという名前になっています。Cloud Firestore Datastoreモード用のライブラリは**google-cloud-datastore**という名前で提供されています。GAEアプリからgoogle-cloud-datastoreをインストールするにはrequirements.txtに次の1行追加します。最新バージョンはPyPiを確認してください（https://pypi.org/project/google-cloud-datastore/）。

■リスト8.1 requirements.txtの抜粋

```
Flask==1.1.1
google-cloud-datastore==1.9.0
```

さらに、次のコマンドを実行してインストールします。

```
pip install -r requirements.txt
```


8.2.2 データの保存方法

データをDatastoreに保存するコードを示します。**リスト8.2**は、DatastoreのExampleカインドにエンティティを保存しています。

■リスト8.2 データをDatastoreに保存する例

```
from datetime import datetime

from google.cloud import datastore


# データストアのクライアントオブジェクトを取得
client = datastore.Client()

# Exampleカインドに保存するためののKeyを作成
key = client.key('Example')

# エンティティを作成し、プロパティを設定する
entity = datastore.Entity(key=key)
entity['author'] = 'Tsuyoshi Igarashi'
entity['created'] = datetime.now()

# データストアに保存する
client.put(entity)
```

リスト8.2の説明をします。最初にGoogle Cloud Client Libraryをインポートしています。

```
from google.cloud import datastore
```

次にdatastore.Client()でデータストアクライアントオブジェクトを取得します。Datastoreに何かをしたいときは、このデータストアクライアントオブジェクトを使って操作します。これはプログラムの命令に従って裏側でデータストアのAPIを叩いてくれます。プログラムからはデータストアクライアントオブジェクトを使ってDatastoreにデータの保存、取得、削除などの処理をします。

```
client = datastore.Client()
```

次に、Keyオブジェクトを生成しています。Keyオブジェクトはclient.key()の引数に文字列でカインド名を指定して生成します。

```
key = client.key('Example')
```

そして、生成したKeyオブジェクトを使ってエンティティを作成しています。datastore.Entity()の引数に、Keyオブジェクトを指定してエンティティを作成します。エンティティにプロパティをセットするには、enityt['プロパティ名']で値を指定します。

ここでは、authorプロパティにTsuyoshi Igarashiという値を設定しています。同様にcreateというプロパティにdatetime.now()で現在日時を設定しています。

```
entity = datastore.Entity(key=key)
entity['author'] = 'Tsuyoshi Igarashi'
entity['created'] = datetime.now()
```

最後にclient.put()で保存しています。put()の引数にエンティティを指定してDatastoreに保存します。

```
client.put(entity)
```

8.2.3 データ保存の練習

Exampleアプリを使ってDatastoreにエンティティを追加する練習をします。ライブラリのインストールをし、次のとおりに行います。

①インポートモジュールの確認
②Datastoreに保存する
③レスポンスデータを返す

8.2.3.1 開発環境の確認

次のコマンドを実行して、Exampleアプリの開発環境にします。

```
$ cd $HOME/gae-study/example
$ source env/bin/activate
$ gcloud config set project <EXAMPLE_PROJECT_ID>
```

8.2.3.2 [準備] ライブラリのインストール

「8.2.1 Google Cloud Client Libraryのインストール」を参考にライブラリをインストールします。

8.2.3.3 [手順①] インポートモジュールの確認

データ保存に必要な次のモジュールをインポートします。

- datetime.datetime
- google.cloud.datastore

インポート文は**リスト8.3**のようになります。

■**リスト8.3** main.py

```
import logging
from datetime import datetime

from flask import Flask

from google.cloud import datastore
```

8.2.3.4 [手順②] Datastoreに保存する

main.pyにinsert関数を追加します。insert関数では、DatastoreのExampleカインドにエンティティを保存するため次の処理を追加します(**リスト8.4**)。

- メソッドの冒頭にはDatastoreを操作するためのデータストアクライアントオブジェクトを生成する
- Exampleカインドのキーを生成する
- キーを使ってExampleエンティティを生成し、変数entityにセットする
  ①entity['author'] に任意の文字列をセットする
  ②entity['created'] に現在時刻を設定する
- エンティティをDatastoreに保存する
- エンティティにidプロパティを追加する
- エンティティを返す

■**リスト8.4** main.py

```
def insert():
    # データストアのクライアントオブジェクトを取得
    client = datastore.Client()

    # Exampleカインドに保存するためののKeyを作成
    key = client.key('Example')

    # エンティティを作成し、プロパティを設定する
    entity = datastore.Entity(key=key)
    entity['author'] = 'Tsuyoshi Igarashi'
    entity['created'] = datetime.now()

    # データストアに保存する
    client.put(entity)

    # エンティティにidプロパティを追加する
    entity['id'] = entity.key.id

    # エンティティを返す
    return entity
```

8.2.3.5 ［手順③］レスポンスデータを返す

home関数を**リスト8.4**のように変更します。エンティティを作成するinsert関数を呼び出します。return文にエンティティをそのまま返すと、レスポンスボディにJSONとして返せます。

■**リスト8.5** main.py

```
@app.route('/')
def home():
    res = insert()

    return res
```

main.pyの内容は**リスト8.6**のようになります。

■**リスト8.6** main.py

```
import logging
from datetime import datetime

from flask import Flask

from google.cloud import datastore

app = Flask(__name__)
logging.getLogger().setLevel(logging.DEBUG)


@app.route('/')
def home():
    res = insert()

    return res


def insert():
    # データストアのクライアントオブジェクトを取得
    client = datastore.Client()

    # Exampleカインドに保存するためののKeyを作成
    key = client.key('Example')

    # エンティティを作成し、プロパティを設定する
    entity = datastore.Entity(key=key)
    entity['author'] = 'Tsuyoshi Igarashi'
```

```
    entity['created'] = datetime.now()

    # データストアに保存する
    client.put(entity)

    # エンティティにidプロパティを追加する
    entity['id'] = entity.key.id

    # エンティティを返す
    return entity

if __name__ == '__main__':
    app.run(host='127.0.0.1', port=8080, debug=True)
```

8.2.4 動作確認

アプリをデプロイして動作確認をします。ローカル環境では認証に失敗してエラーが発生します（これはクラウドシェルのVM環境を含みます。ローカル環境での実行方法については、「8.12 実習をローカル環境で動かす」を参照してください）。

ブラウザからExampleアプリにアクセスし、**図8.4**のような画面が表示されることを確認します。

図8.4 Exampleアプリの動作確認画面

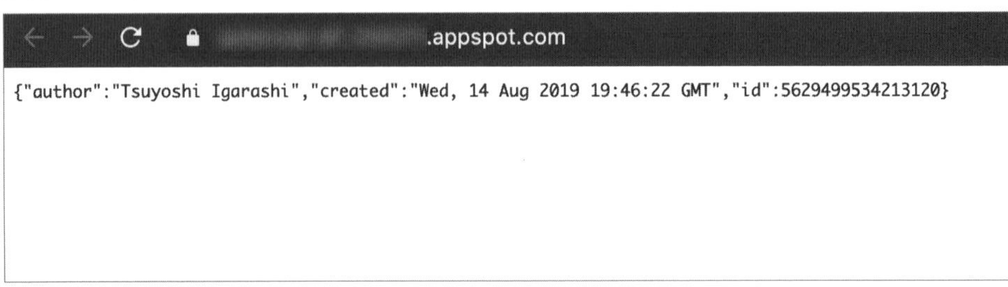

.appspot.com
{"author":"Tsuyoshi Igarashi","created":"Wed, 14 Aug 2019 19:46:22 GMT","id":5629499534213120}

Datastoreにデータが正しく保存されていることを確認します。登録されたデータはクラウドコンソールから、［Navigation menu］→［Datastore］→［エンティティ］を開くと、Datastoreの内容が表示されます（**図8.5**）。

図8.5 Datastoreの内容表示

insert関数のauthorの値を変更して、データを数件登録しましょう（**リスト8.7**）。

■**リスト8.7** main.py

```
def insert():
    # データストアのクライアントオブジェクトを取得
    client = datastore.Client()

    # Exampleカインドに保存するためののKeyを作成
    key = client.key('Example')

    # エンティティを作成し、プロパティを設定する
    entity = datastore.Entity(key=key)
    entity['author'] = 'Mai Shirakawa' # ← ここの値を変更する
    entity['created'] = datetime.now()

    # データストアに保存する
    client.put(entity)
```

8.2.5 ［補足1］Entityオブジェクトのプロパティ設定方法

Entityオブジェクトに対するプロパティの設定は、次のようにupdateメソッドを使ってまとめることもできます。

```
entity.update({
    'author': 'Tsuyoshi Igarashi',
    'created': datetime.now(),
})
```

モデルを用意して次のような書き方もできます。

```
class Example:
    def __init__(self, author):
        self.author = author
        self.create = datetime.now()

author, 'Tsuyoshi Igarashi'
example = Example(author)
entity.update(example.__dict__)
client.put(entity)
```

8.2.6 [補足2] キーを指定してデータを保存する

サンプルでは特にキーを指定しませんでしたが、指定する場合は次のようになります。モデルのコンストラクタの第2引数でキーを設定できます。

```
author = 'Tsuyoshi Igarashi'
client = datastore.Client()
key = client.key("Example", author)
entity = datastore.Entity(key=key)
```

文字列で保存するとキーが**name=文字列**になります（**図8.6**）。

図8.6 キーを指定してデータを保存する

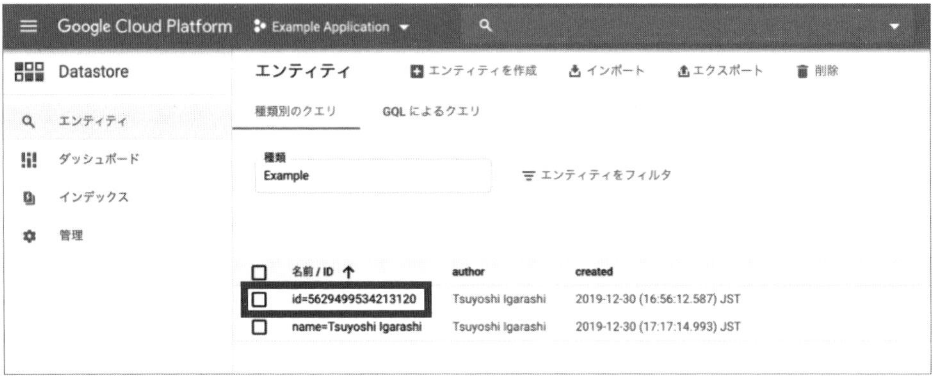

8.3 ［実習］データの保存

GuestBookアプリにデータの保存機能を追加します。GuestBookアプリではGreetingという名前のカインドにエンティティを新規保存します。Greetingカインドに保存されるエンティティの情報は**表8.3**のとおりです。完成形は**図8.7**です

●**表8.3** Greeting Entity

キー／プロパティ	型	内容
ID	Long	KeyID
author	String	名前
message	String	メッセージ
date	DateTime	作成日時

図8.7 完成図

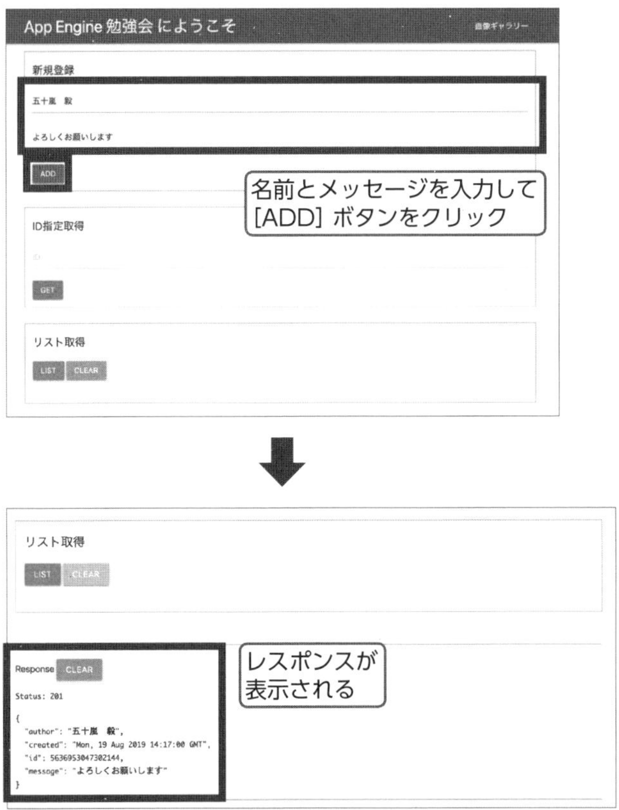

8.3.1 insert APIの作成

GuestBookアプリにinsert APIを追加します。/api/greetingsにPOSTリクエストが来たときに、Datastoreにデータを保存します。リクエストボディのデータからエンティティを作成し、Greetingカインドに保存します。APIの詳細は次のようになります。

Request

```
POST https://<GUESTBOOK_PROJECT_ID>.appspot.com/api/greetings
```

リクエストボディに必要なパラメータを含めます（**表8.4**）。

●**表8.4** Request body

プロパティ名	required	型	詳細
author	○	String	名前
message	−	String	名前

Response

ステータスコード201、データの作成に成功した場合はGreetingリソースを返します（**表8.5**）。

●**表8.5** Response body

プロパティ名	型	詳細
ID	Long	KeyID
author	String	名前
message	String	名前
created	String	作成日時

サンプルは**図8.8**のようになります。

Request

```
{ "author": "五十嵐 毅", "message": "よろしくお願いします！"}
```

Response

```
{
  "author": "五十嵐 毅",
```

```
  "created": "Mon, 24 Jun 2019 20:14:43 GMT"
  "id": 5717023518621696,
  "message": "よろしくお願いします！"
}
```

図8.8 insert API の作成

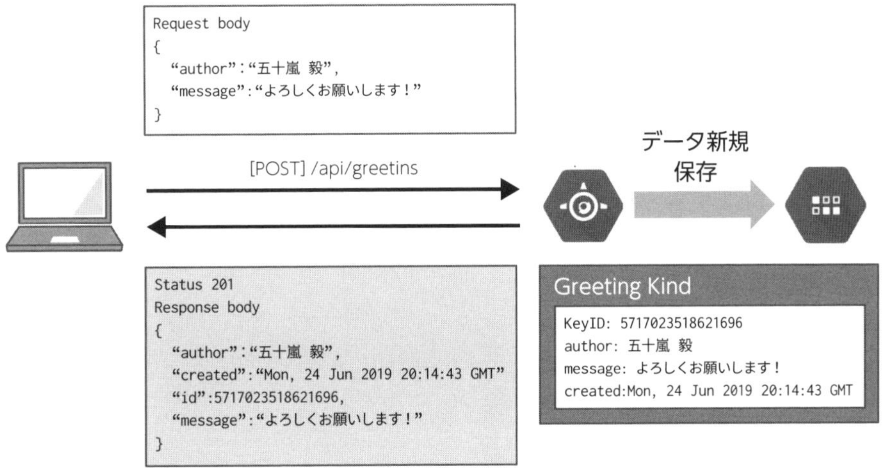
Request body
{
"author":"五十嵐 毅",
"message":"よろしくお願いします！"
}
[POST] /api/greetins
データ新規
保存
Status 201
Response body
{
"author":"五十嵐 毅",
"created":"Mon, 24 Jun 2019 20:14:43 GMT"
"id":5717023518621696,
"message":"よろしくお願いします！"
}
Greeting Kind
KeyID: 5717023518621696
author: 五十嵐 毅
message: よろしくお願いします！
created:Mon, 24 Jun 2019 20:14:43 GMT

8.3.2 実習の手順

実習の手順は、ライブラリのインストールから始め、次のようになります。

①インポートモジュールの確認
②ds.py ファイルを作成する
③Datastore に保存する
④レスポンスデータを返す

8.3.2.1 開発環境の確認

次のコマンドを実行してGuestBookアプリの開発環境にします。

```
$ cd $HOME/gae-study/guestbook
$ source env/bin/activate
$ gcloud config set project <GUESTBOOK_PROJECT_ID>
```

8.3.2.2 [準備] ライブラリのインストール

これまで同様、GuestBookアプリにもライブラリのインストールをします。requirements.txtの内容は**リスト8.8**のようになります。

■ **リスト8.8** requirements.txt

```
Flask==1.1.1
google-cloud-datastore==1.9.0
```

8.3.2.3 [手順①] インポートモジュールの確認

データ保存に必要な次のモジュールをインポートします。インポート文は次のようになります。

```
import logging

from flask import Flask, abort, request, render_template

import ds
```

最後にインポートしているdsモジュールは、次の手順で作成します。

8.3.2.4 [手順②] ds.pyファイルを作成する

Datastoreのアクセスモジュールをds.pyという名前で作成します。main.pyは、このモジュールを使ってDatastoreの操作を行います（**図8.9**）。

図8.9 ds.pyファイルの作成

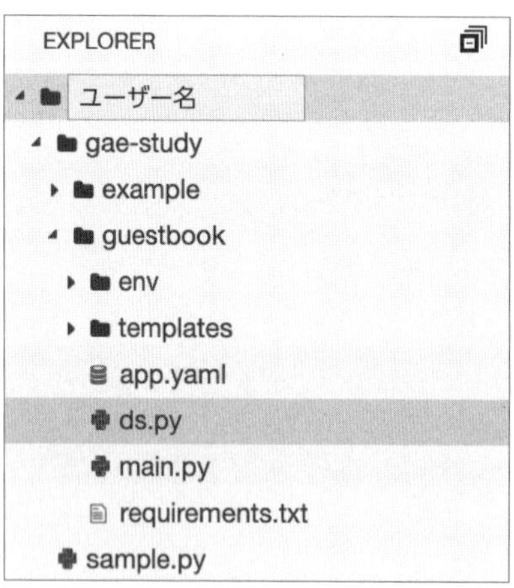

8.3.2.5 [手順③] Datastoreに保存する

ds.pyのDatastoreにデータを保存するための関数**insert**を作成します。insert関数に次の処理を追加します。

- メソッドの冒頭でDatastoreを操作するためのデータストアクライアントオブジェクトを生成する
- authorとmessageを引数で受け取る
- Greetingエンティティを作成して、プロパティをセットし、Datastoreに保存する
- エンティティにidを追加して返す

ds.pyの内容は**リスト8.9**になります。

■**リスト8.9 ds.py**

```
from datetime import datetime

from google.cloud import datastore


def insert(author, message):
    client = datastore.Client()
    key = client.key("Greeting")
    entity = datastore.Entity(key=key)
    entity["author"] = author
    entity["message"] = message
    entity["created"] = datetime.now()
    client.put(entity)
    entity['id'] = entity.key.id
    return entity
```

8.3.2.6 [手順④] レスポンスデータを返す

次にmain.pyは次の処理を追加します。

- POSTリクエストのときはdsモジュールのinsertメソッドを実行する
- 戻り値のエンティティを受け取りJSON形式にしてクライアントに返す
- レスポンスのステータスコードを201に設定する

■**リスト8.10 main.pyの修正**

```
@app.route('/api/greetings/<key_id>')
@app.route('/api/greetings', methods=['GET', 'POST'])
def greetings(key_id=None):
```

```
    if request.method == 'GET':

        (……中略……)

    elif request.method == 'POST':
        author = request.json['author']
        message = request.json['message']
        entity = ds.insert(author, message)
        return entity, 201
```

8.3.3 動作確認

アプリをデプロイして次のことを確認しましょう。動作確認は、第6章で追加したindex.htmlを使って、フォームからPOSTリクエストを送ります（**図8.10**）。ローカル環境では認証に失敗してエラーが発生します。ローカル環境での実行方法については、「8.12 実習をローカル環境で動かす」を参照してください。

確認手順

①https://<GUESTBOOK_PROJECT_ID>.appspot.comを開く
②フォームに名前とメッセージを入力して［ADD］ボタンをクリックする
③①②を繰り返して何件か登録する

確認項目

①［ADD］ボタンをクリックするJSONが返る
②クラウドコンソールの［Datastore］を開きデータが追加される

図8.10 アプリ確認画面

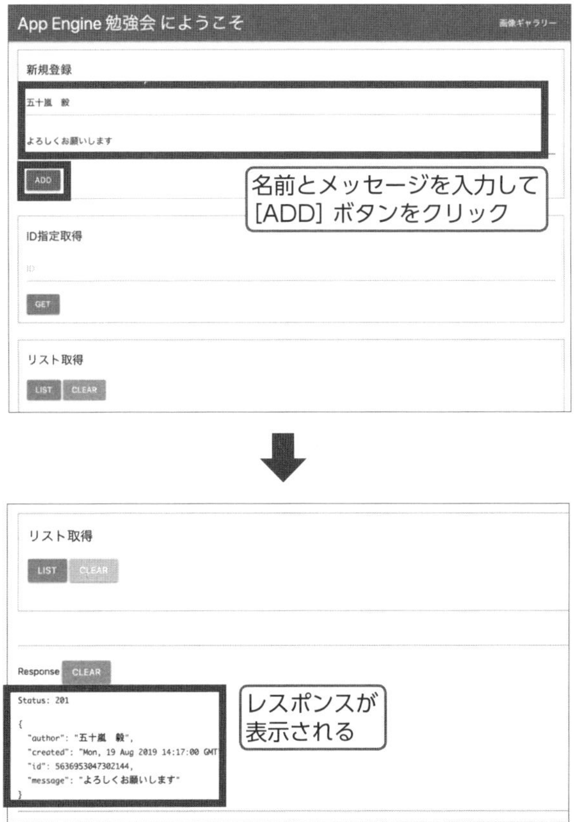

8.3.3.1 クラウドシェルで確認

クラウドシェルで確認する場合は、次のコマンドを実行します。

```
$ GUESTBOOK_URL=https://<GUESTBOOK_PROJECT_ID>.appspot.com
$ curl $GUESTBOOK_URL/api/greetings -X POST -H "Content-Type: application/json" \
  -d '{"author": "Tsuyoshi Igarashi", "message": "こんにちは"}' | python -m json.
tool
 ----出力例----
{
    "author": "Tsuyoshi Igarashi",
    "created": "Mon, 24 Jun 2019 20:14:43 GMT"
    "id": 5717023518621696,
    "message": "\u3053\u3093\u306b\u3061\u306f"
}
```

8.4 Datastoreからデータを取得する

Datastoreに保存されているデータを取得する方法を、Exampleアプリで説明します。DatastoreのExampleカインドに保存されているエンティティを取得します。

8.4.1 クエリ

クエリを使って、Datastoreに保存されているデータを取得できます。クエリとはカインドに対してデータを取得する際に実行するもので、RDBのSELECT句のようなものです。ただし、RDBのSELECT句とまったく同じものではなく、条件検索の仕組みはかなりシンプルなものになっています。そのため、複雑な条件検索はできないものがあります。後述するフィルタを用いてプロパティの条件を設定することで、カインドから特定のエンティティを取得します。また、ソート機能もありますので、結果セットをソートして取得できます。

8.4.2 データの取得方法

Datastoreからデータを取得するコードを見てみましょう。次のコードは、DatastoreからExampleエンティティを全件取得しています。

■リスト8.11 Datastoreからデータを取得する例

```
from datetime import datetime


client = datastore.Client()

# Queryオブジェクトを取得する
query = client.query(kind='Example')

# 日付の新しい順
query.order = '-created'

# クエリを実行する
entities = list(query.fetch())
```

Queryオブジェクトを使ってdatastoreに保存されているデータを取得します。QueryオブジェクトはDatastoreからエンティティを取得するクエリを表します。Queryオブジェクトを取得するにはclinent.query()の引数に、カインドを指定します。ここでは、Exampleを指定しています。query.orderを使ってソートできます。query.order = '-created'でcreatedプロパティの降順でソートされます。"-"を取り除いてquery.order = 'created'と指定すると昇順でソートされます。

```
# Queryオブジェクトを取得する
query = client.query(kind='Example')

# 日付の新しい順
query.order = '-created'
```

query.fetch()でクエリを実行します。Datastoreからデータを取得するための、Queryオブジェクトが返ってきます。取得件数を指定するにはquery.fetch()の引数に数値をしていします。10件分取得したい場合は、query.fetch(10)と書きます。

```
# クエリを実行する
entities = list(query.fetch())
```

list(query.fetch())でエンティティのリストを作成しています。entitiesは、Exampleカインドに保存されているエンティティのリストです。

8.4.3 データ取得の練習

Exampleアプリでデータ取得の練習します。手順は次のとおりです。

①インポートモジュールの確認
②Datastoreからデータを取得する
③レスポンスデータを返す

8.4.3.1 開発環境の確認

次のコマンドを実行してExampleアプリの開発環境にします。

```
$ cd $HOME/gae-study/example
$ source env/bin/activate
$ gcloud config set project <EXAMPLE_PROJECT_ID>
```

8.4.3.2 ［手順①］インポートモジュールの確認

インポート文に変更はありません。

8.4.3.3 ［手順②］Datastoreからデータを取得する

main.pyにget_all関数を追加します（**リスト8.10**）。get_all関数では、DatastoreのExampleカインドに保存されているエンティティを取得する処理を追加します。

- メソッドの冒頭でデータストアクライアントオブジェクトを取得する
- Exampleカインドから、エンティティを日付の新しい順で全件取得する
- 取得したエンティティを1件ずつ回して、エンティティにidプロパティを追加する
- JSON形式にしてエンティティのリストを返す

■**リスト8.12** main.py（get_all関数を追加）

```
def get_all():
    # データストアのクライアントオブジェクトを取得
    client = datastore.Client()

    # Queryオブジェクトを取得する
    query = client.query(kind='Example')

    # 日付の新しい順
    query.order = '-created'

    # クエリを実行する
    entities = list(query.fetch())

    # すべてのエンティティにidプロパティを追加する
    for entity in entities:
        entity['id'] = entity.key.id

    # レスポンス用のJSONを作成する
    res = {
        'examples': entities
    }
    return res
```

8.4.3.4 ［手順③］レスポンスデータを返す

home関数を次のように変更します。先ほど作成したinsert関数の呼び出しはコメントアウトし、エンティティを全件取得するget_all関数を呼び出します。

```
@app.route('/')
def home():
    # res = insert()
    res = get_all()

    return res
```

main.pyの内容は**リスト8.11**のようになります。

■**リスト8.13** main.py

```
 (……中略……)

@app.route('/')
def home():
    # res = insert()
    res = get_all()

    return res


def insert():
 (……中略……)

def get_all():
    # データストアのクライアントオブジェクトを取得
    client = datastore.Client()
    # Queryオブジェクトを取得する
    query = client.query(kind='Example')

    # 日付の新しい順
    query.order = '-created'

    # クエリを実行する
    entities = list(query.fetch())

    # すべてのエンティティにidプロパティを追加する
    for entity in entities:
        entity['id'] = entity.key.id

    # レスポンス用のJSONを作成する
    res = {
        'examples': entities
    }
    return res
```

```
if __name__ == '__main__':
    app.run(host='127.0.0.1', port=8080, debug=True)
```

8.4.4 動作確認

アプリをデプロイして動作確認をします。ブラウザからURLにhttps://<EXAMPLE_PROJECT_ID>.appspot.comにアクセスし、**図8.11**のような画面が表示されることを確認します。

図8.11 https://<EXAMPLE_PROJECT_ID>.appspot.com へアクセスして動作確認

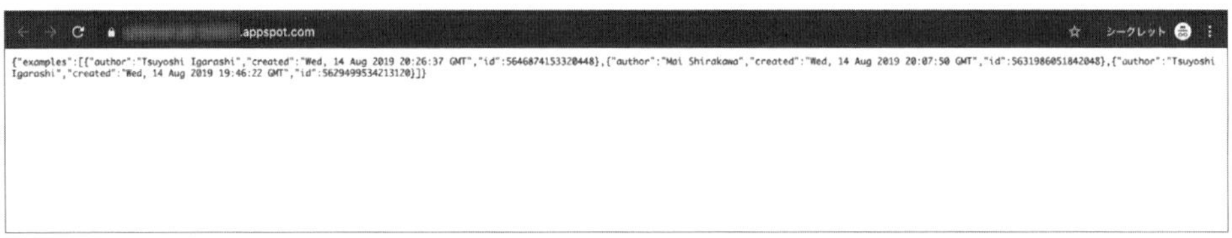
.appspot.com
シークレット
{"examples":[{"author":"Tsuyoshi Igarashi","created":"Wed, 14 Aug 2019 20:26:37 GMT","id":5646874153320448},{"author":"Mai Shirakawa","created":"Wed, 14 Aug 2019 20:07:50 GMT","id":5631986051842048},{"author":"Tsuyoshi Igarashi","created":"Wed, 14 Aug 2019 19:46:22 GMT","id":5629499534213120}]}

8.4.5 ［補足］検索条件を指定する

データを全件取得する方法について説明しましたが、実際は取得条件を指定して検索することが多いです。検索条件を指定するにはフィルタを使います。次の項目に対して使用します。

- プロパティ
- キー
- アンセスターキー

フィルタには、キーの値とプロパティの値、アンセスターキーの値を指定することでフィルタリングができます。アンセスターキーは後述するエンティティグループの場合に使用します。フィルタは大きく分けて2つあり、等式フィルタと不等式フィルタになります。 等式フィルタには、"="と、"IN"を使って指定します。不等式フィルタは"!="や">=,<=, <, >"などの不等号を使って指定します。以上のようなものがフィルタには用意されており、"LIKE"や正規表現などは扱うことができません。

8.4.5.1 プロパティを使って検索

プロパティにフィルタを使ったコードを見てみましょう。次のコードは、Exampleアプリの全件取得の内容をもとに検索条件を指定したものです。authorプロパティの値が'Mai Shirakawa'と一致するものを取得しています。

```
client = datastore.Client()
 # Queryオブジェクトを取得する
query = client.query(kind='Example')

 # Filterを追加
query.add_filter('author', '=', 'Mai Shirakawa')

 # 日付の新しい順 【コメントアウト】
 # query.order = '-created'

 # クエリを実行する
entities = list(query.fetch())
```

query.add_filter('author', '=', 'Mai Shirakawa')でフィルタを追加しています。add_filter('<プロパティ名>', '<条件式>', '値')でプロパティに条件を指定します。ここでは**authorプロパティの値が'Mai Shirakawa'と一致**という条件を指定しています。

```
# Filterを追加
query.add_filter('author', '=', 'Mai Shirakawa')
```

続いてソート条件がコメントアウトされているところを示します。

```
# 日付の新しい順 【コメントアウト】
# query.order = '-created'
```

なぜこのようにしているのかは、先に説明した「条件検索のしくみはかなりシンプルなものになっています。そのため、複雑な条件検索はできないものがあります。」というのと関係があります。Datastoreは優れたスケーリングと高パフォーマンスのトレードオフとして、条件に指定できるプロパティの数が限られています。この条件にはソート条件も含まれます。そのため、上記のようにフィルタとソートにそれぞれauthorプロパティとcreatedプロパティを使うとDatastoreの制限に引っかかってしまいます。コンポジットインデックスを使用することでプロパティを複数使うこともできますが、いくつかのステップを踏む必要があり、また何ができて何ができないのかを理解する必要があります。どんなに頑張っても絞り込みの制限を回避できないようなケースもあります。本書ではこれ以上のクエリ制限についての説明は省略します。詳細は公式サイト[注1]を確認してください。ここで注意するのは次の項目です。

- Datastoreのクエリは SQLのクエリほど柔軟ではない
- クエリはデフォルトでは複数のプロパティを指定できない

8.5 [実習] データの取得

GuestBookアプリにデータを取得する機能を追加しましょう。DatastoreのGreetingカインドに保存されているエンティティを全件取得します。完成図は**図8.12**です。

図8.12 完成図

注1 (https://cloud.google.com/datastore/docs/concepts/queries?hl=ja#restrictions_on_queries)

8.5.1 list APIの作成

GuestBookアプリにデータを取得するlist APIを作成します。list APIは"/api/greetings"にGETメソッドを使って送られてきたときに、DatastoreのGreetingカインドに保存されているエンティティを全件取得し、各エンティティにIDを付与して、JSON形式でクライアントに返します。APIの詳細は次のようになります。

Request

```
GET https://<GUESTBOOK_PROJECT_ID>.appspot.com/api/greetings/
```

リクエストパラメータ：なし

Response

→ステータスコード200

→データの取得に成功した場合はGreetingsリソースのリストを返す

●**表8.6** Response body

プロパティ名	型	詳細
greetings	Array	Greetingのリスト

サンプル

レスポンスは**リスト8.14**、動作は**図8.13**に示します。

■**リスト8.14** レスポンス

```
{
  "greetings": [
    {
      "author": "五十嵐 毅",
      "created": "Mon, 24 Jun 2019 20:14:43 GMT",
      "id": 5717023518621696,
      "message": "よろしくお願いします！"
    },
    {
      "author": "白川 舞",
      "created": "Sun, 30 Jun 2019 16:19:01 GMT",
      "id": 5668600916475904,
      "message": "こんにちは"
    }
```

8

CloudDatastoreを使う

```
  ]
}
_images/2_2_1_greetings_list_api.png
```

図8.13 サンプルの動作

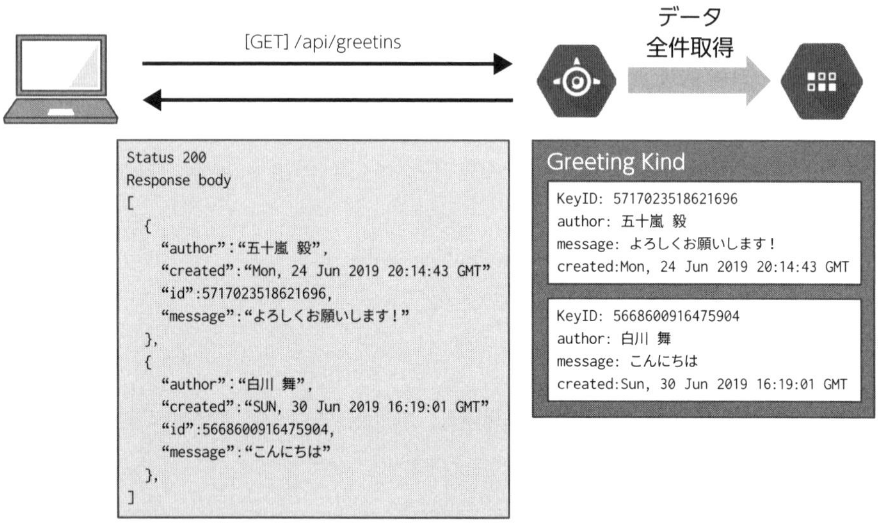
[GET] /api/greetins
データ
全件取得
Status 200
Response body
[
{
"author":"五十嵐 毅",
"created":"Mon, 24 Jun 2019 20:14:43 GMT"
"id":5717023518621696,
"message":"よろしくお願いします！"
},
{
"author":"白川 舞",
"created":"SUN, 30 Jun 2019 16:19:01 GMT"
"id":5668600916475904,
"message":"こんにちは"
},
]
Greeting Kind
KeyID: 5717023518621696
author: 五十嵐 毅
message: よろしくお願いします！
created:Mon, 24 Jun 2019 20:14:43 GMT
KeyID: 5668600916475904
author: 白川 舞
message: こんにちは
created:Sun, 30 Jun 2019 16:19:01 GMT

8.5.2 実習の手順

実習の手順は次のようになります。

①インポートモジュールの確認

②Datastoreからデータを取得する

③レスポンスデータを返す

8.5.2.1 開発環境の確認

次のコマンドを実行してGuestBookアプリの開発環境にします。

```
$ cd $HOME/gae-study/guestbook
$ source env/bin/activate
$ gcloud config set project <GUESTBOOK_PROJECT_ID>
```

8.5.2.2 [手順①] インポートモジュールの確認

インポート文に変更はありません。

8.5.2.3 [手順②] Datastore からデータを取得する

ds.pyにDatastoreからデータを全件取得する関数get_allを作成します。get_all関数に次の処理を追加します。

- Greetingカインドに保存されているエンティティを日付の新しい順に全件取得する
- idを追加した、エンティティのListを返す

```
def get_all():
    client = datastore.Client()
    query = client.query(kind='Greeting')
    query.order = '-created'
    greetings = list(query.fetch())
    for entity in greetings:
        entity['id'] = entity.key.id
    return greetings
```


8.5.2.4 [手順③] レスポンスデータを返す

次にmain.pyの修正で、**リスト8.15**の処理を追加します。

- GETリクエストのときはdsモジュールのget_allメソッドを実行する
- 戻り値のエンティティのListを受け取りJSON形式にしてクライアントに返す

■ **リスト8.15 main.pyの修正箇所**

```
@app.route('/api/greetings/<key_id>')
@app.route('/api/greetings', methods=['GET', 'POST'])
def greetings(key_id=None):
    if request.method == 'GET':
        greetings = ds.get_all()

        res = {
            'greetings': greetings
        }
        return res

    elif request.method == 'POST':
        author = request.json['author']
        message = request.json['message']
```

```
        entity = ds.insert(author, message)
        entity['id'] = entity.key.id
        return entity, 201
```

8.5.3 動作確認

アプリをデプロイして次のことを確認しましょう。動作確認は、第6章で追加したindex.htmlを使って、/api/greetingsに対してGETリクエストを送ります。

確認手順

①https://<GUESTBOOK_PROJECT_ID>.appspot.comを開く

②[List] ボタンをクリックして一覧を取得する

確認項目

[list] ボタンをクリックするJSONが返ってくることを確認 (**図8.14**)

図8.14 動作確認

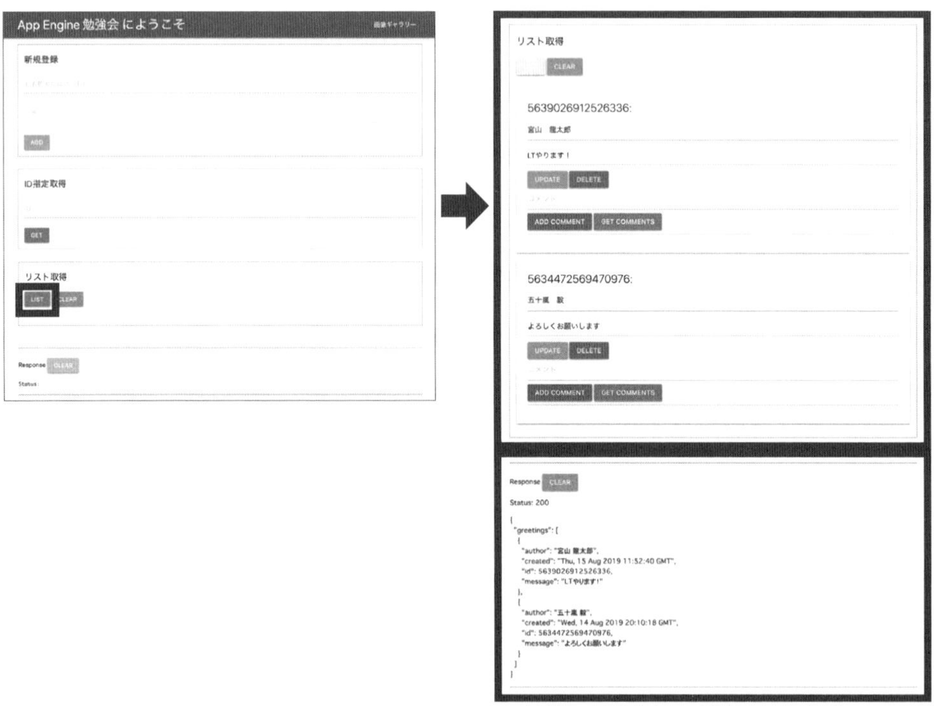

8.5.3.1 クラウドシェルで確認

クラウドシェルで確認する場合は次のコマンドを実行します。

```
$ GUESTBOOK_URL=https://<GUESTBOOK_PROJECT_ID>.appspot.com
$ curl $GUESTBOOK_URL/api/greetings | python -m json.tool
----出力例----
{
    "greetings": [
        {
            "author": "\u5bae\u5c71\u3000\u9f8d\u592a\u90ce",
            "created": "Thu, 15 Aug 2019 11:52:40 GMT",
            "id": 5639026912526336,
            "message": "LT\u3084\u308a\u307e\u3059\uff01"
        },
        {
            "author": "\u4e94\u5341\u5d50\u3000\u6bc5",
            "created": "Wed, 14 Aug 2019 20:10:18 GMT",
            "id": 5634472569470976,
            "message": "\u3088\u308d\u3057\u304f\u304a\u9858\u3044\u3057\u307e\
u3059"
        }
    ]
}
```

8.6 データを1件取得する

クエリを使った取得方法を紹介しましたが、取得するデータがあらかじめ決まっている場合は、クエリを使わなくても取得できます。Datastoreのエンティティは必ず一意となるキーをもっています。Datastoreはキーを使ったエンティティの取得方法が用意されています。ここでは、キーを使ったデータの取得方法について説明します。

8.6.1 Keyを使ったデータ取得方法

Datastoreに保存されたデータには必ずキーが設定されます。キーはエンティティの作成時に指定できますが、指定しなかった場合は自動でキーが割り当てられます。キーにどんな値が設定されているかは、クラウドコンソールから確認できます（**図8.15**）。

図8.15 エンティティによるデータの取得

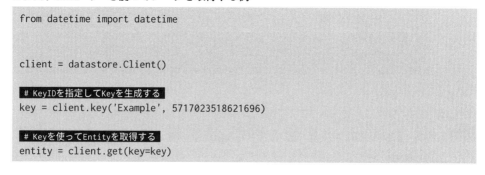

では、Datastoreからキーを使ってデータを取得するコードを**リスト8.16**に示します。

■リスト8.16 キーを使ってデータを取得する例

```
from datetime import datetime


client = datastore.Client()

# KeyIDを指定してKeyを生成する
key = client.key('Example', 5717023518621696)

# Keyを使ってEntityを取得する
entity = client.get(key=key)
```

Exampleカインドに保存されたエンティティをキーを指定して取得するには、`client.key()`の第2引数にKeyIDを指定してキーオブジェクトを作成します。キーが文字列で作成されている場合は、次のようにキー作成時に設定した文字列を指定します

```
key = client.key('Example', 'Mai Shrakawa')
```

`client.get(key=key)`でキーを使ってDatastoreからエンティティを取得します。エンティティが存在しない場合はNoneが返ってきます。

8.6.2 Keyを使ったデータ取得の練習

Exampleアプリでキーを使った、データ取得の練習をします。手順は次のとおりです。

①インポートモジュールの確認
②キーを使ってDatastoreからデータを取得する
③レスポンスデータを返す

8.6.2.1 開発環境の確認

次のコマンドを実行してExampleアプリの開発環境にします。

```
$ cd $HOME/gae-study/example
$ source env/bin/activate
$ gcloud config set project <EXAMPLE_PROJECT_ID>
```

8.6.2.2 [手順①] インポートモジュールの確認

インポート文に変更はありません。

8.6.2.3 [手順②] キーを使ってDatastoreからデータを取得する

main.pyにget_by_id関数を追加します。get_by_id関数の引数key_idにはエンティティのKeyIDが入ってきます。このKeyIDを使ってDatastoreからエンティティを取得する処理を追加します（**リスト8.17**）。

- メソッドの冒頭でデータストアクライアントオブジェクトを取得する
- 引数のkey_idを使って、Keyオブジェクトを生成する
- Keyを指定してDatastoreからエンティティを取得する
- 取得できなかった場合は「**リソースが見つかりませんでした。**」というメッセージを返す
- 取得に成功した場合はエンティティにidプロパティを追加して返す

■**リスト8.17** main.py（get_by_id関数を使用し、エンティティを取得する）

```
def get_by_id(key_id):
    # データストアのクライアントオブジェクトを取得
    client = datastore.Client()
```

```
    # KeyIDを指定してKeyを生成する
    key = client.key('Example', key_id)

    # Keyを使ってEntityを取得する
    entity = client.get(key=key)

    # エンティティが存在しなかった場合はエラーメッセージを返す
    if not entity:
        return {'message': 'リソースが見つかりませんでした。'}

    # エンティティにidプロパティを追加する
    entity['id'] = entity.key.id
    return entity
```

8.6.2.4 [手順③] レスポンスデータを返す

home関数を次のように変更します。先ほど作成したget_all関数の呼び出しはコメントアウトします。変数key_idを用意してコードの<KeyID>の部分を取得対象のKeyIDに置き換えます。引数にkey_idを指定してget_by_id関数を呼び出します。

```
@app.route('/')
def home():
    # res = insert()
    # res = get_all()
    key_id = <KeyID>        # 取得対象のKeyIDに置き換えてください。
    res = get_by_id(key_id)
    return res
```

main.pyの内容は**リスト8.18**のようになります。

■**リスト8.18** main.py(レスポンスデータを返す処理の追加)

```
(……中略……)

@app.route('/')
def home():
    # res = insert()
    # res = get_all()
    key_id = <KeyID>            # KeyIDを指定する
    res = get_by_id(key_id)
    return res
```

```
def insert():
(……中略……)

def get_all():
(……中略……)

def get_by_id(key_id):
    # データストアのクライアントオブジェクトを取得
    client = datastore.Client()

    # KeyIDを指定してKeyを生成する
    key = client.key('Example', key_id)

    # Keyを使ってEntityを取得する
    entity = client.get(key=key)

    # エンティティが存在しなかった場合はエラーメッセージを返す
    if not entity:
        return {'message': 'リソースが見つかりませんでした。'}

    # エンティティにidプロパティを追加する
    entity['id'] = entity.key.id
    return entity

if __name__ == '__main__':
    app.run(host='127.0.0.1', port=8080, debug=True)
```

8.6.3 動作確認

アプリをデプロイして動作確認をします。ブラウザからURLにhttps://<EXAMPLE_PROJECT_ID>.appspot.comにアクセスし、**図8.16**の画面が表示されることを確認します。

図8.16 動作確認

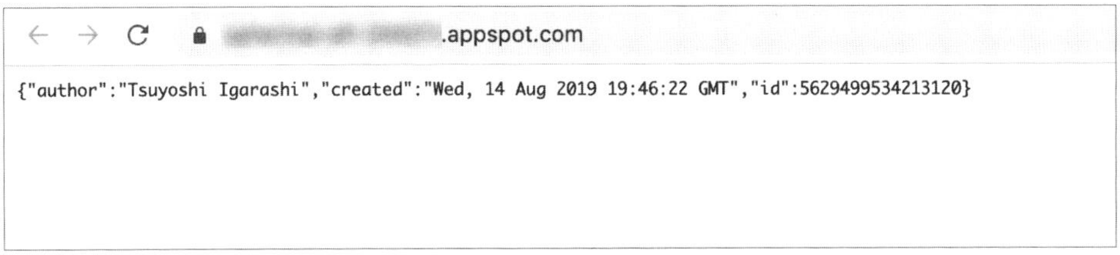
.appspot.com
{"author":"Tsuyoshi Igarashi","created":"Wed, 14 Aug 2019 19:46:22 GMT","id":5629499534213120}

8.7 [実習] Keyを使ったデータ取得

GuestBookアプリにデータを1件取得する機能を追加します。DatastoreのGreetingカインドに保存されているエンティティをKeyIDを指定して取得します。**図8.17**のようになります。

図8.17 完成図

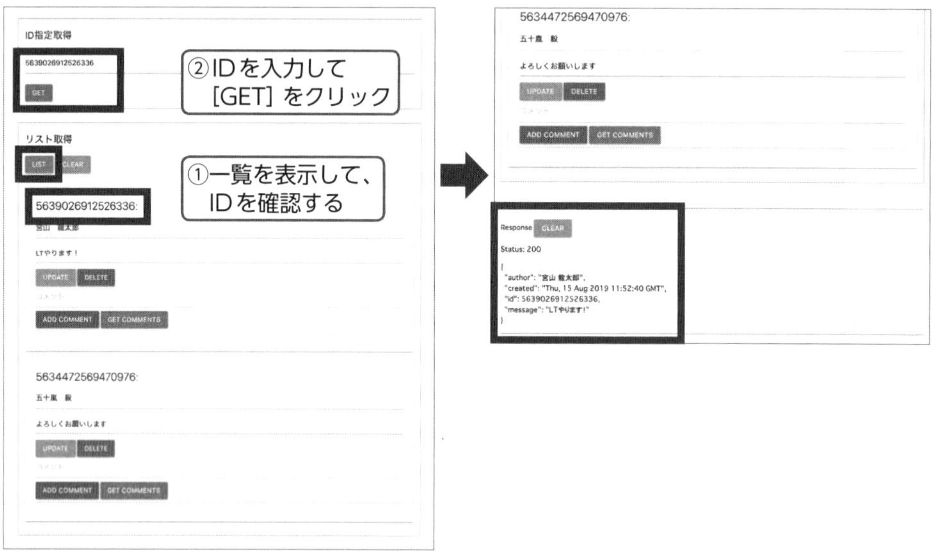

8.7.1 get APIの作成

データを1件取得するget APIを作成します。get APIは"/api/greetings/<KeyID>"にGETメソッドでリクエストが送られてきます。<KeyID>の部分にKeyIDがパスパラメータで設定されています。パスパラメータを使って、対象のエンティティを取得し、エンティティにIDを付与して、JSON形式でクライアントに返します(**図8.18**)。APIは次のようになります。

Request

```
GET https://GUESTBOOK_PROJECT_ID.appspot.com/api/greetings/<KeyID>
```

URLにKeyIDをパスパラメータで指定する（**表8.7**）

● **表8.7** Request Parameter

プロパティ名	required	型	詳細
KeyID	○	Long	KeyID

Response

→ステータスコード200

→データの取得に成功した場合はGreetingリソースを返す（**表8.4**）

● **表8.8** Response body

プロパティ名	型	詳細
id	Long	KeyID
author	String	名前
message	String	メッセージ
created	String	作成日時

サンプル

● Request

```
https://GUESTBOOK_PROJECT_ID.appspot.com/api/greetings/5717023518621696
```

● Response

```
{
  "author": "五十嵐 毅",
  "created": "Mon, 24 Jun 2019 20:14:43 GMT",
  "id": 5717023518621696,
  "message": "よろしくお願いします！"
}
```

図8.18 サンプル動作確認

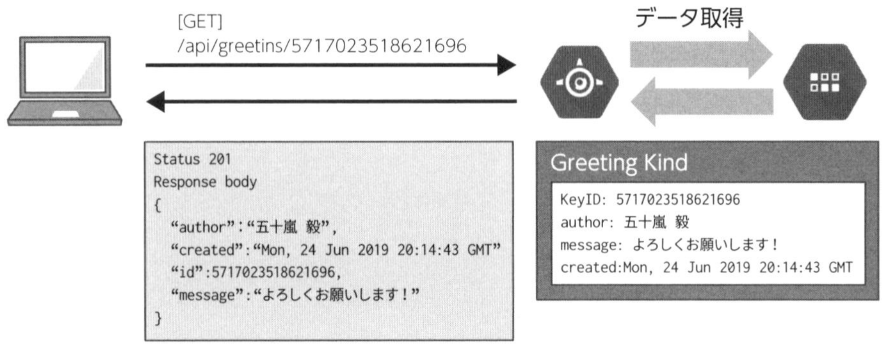
[GET]
/api/greetins/5717023518621696
データ取得
Status 201
Response body
{
"author":"五十嵐 毅",
"created":"Mon, 24 Jun 2019 20:14:43 GMT"
"id":5717023518621696,
"message":"よろしくお願いします!"
}
Greeting Kind
KeyID: 5717023518621696
author: 五十嵐 毅
message: よろしくお願いします!
created:Mon, 24 Jun 2019 20:14:43 GMT

8.7.2 実習の手順

実習の手順は次のようになります。

①インポートモジュールの確認
②キーを使ってDatastoreからデータを取得する
③レスポンスデータを返す

8.7.2.1 開発環境の確認

次のコマンドを実行してGuestBookアプリの開発環境にします。

```
$ cd $HOME/gae-study/guestbook
$ source env/bin/activate
$ gcloud config set project <GUESTBOOK_PROJECT_ID>
```

8.7.2.2 [手順①] インポートモジュールの確認

インポート文に変更はありません。

8.7.2.3 [手順②] キーを使ってDatastoreからデータを取得する

ds.pyを修正して、KeyIDでエンティティを取得する関数get_by_idを作成します。get_by_id関数に次の処理を追加します。

- 引数でKeyIDを受け取る
- KeyIDを使ってGreetingカインドからエンティティを取得する

● エンティティにidを追加して返す

```
def get_by_id(key_id):
    client = datastore.Client()
    key = client.key('Greeting', int(key_id))
    entity = client.get(key=key)
    if entity:
        entity['id'] = entity.key.id
    return entity
```


8.7.2.4 [手順③] レスポンスデータを返す

main.pyに次の処理を追加します。

● パスパラメータが含まれていた場合は、dsモジュールのget_by_idメソッドを実行
● ds.get_by_idの戻り値のentityを受け取りJSON形式にしてクライアントに返す

```
@app.route('/api/greetings/<key_id>')
@app.route('/api/greetings', methods=['GET', 'POST'])
def greetings(key_id=None):
    if request.method == 'GET':
        if key_id:
            entity = ds.get_by_id(key_id)
            if not entity:
                abort(404)
            return entity

        greetings = ds.get_all()
            (……中略……)
```

8.7.3 動作確認

アプリをデプロイして次のことを確認します。動作確認は、第6章で追加したindex.htmlを使って、/api/greetings/<KeyID>に対してGETリクエストを送ります。**図8.19**に取得成功、**図8.20**に取得失敗を示します。

確認手順

→https://<GUESTBOOK_PROJECT_ID>.appspot.comを開く
→[List]ボタンをクリックして一覧を取得し、いずれかのKeyIDをコピーする
→KeyIDを入力して[Get]ボタンをクリックする

確認項目

→［Get］ボタンをクリックするとJSONが返ってくること
→ステータスコード200を返すこと
→無効なIDを指定した場合は404が返ってくること

図8.19 取得成功

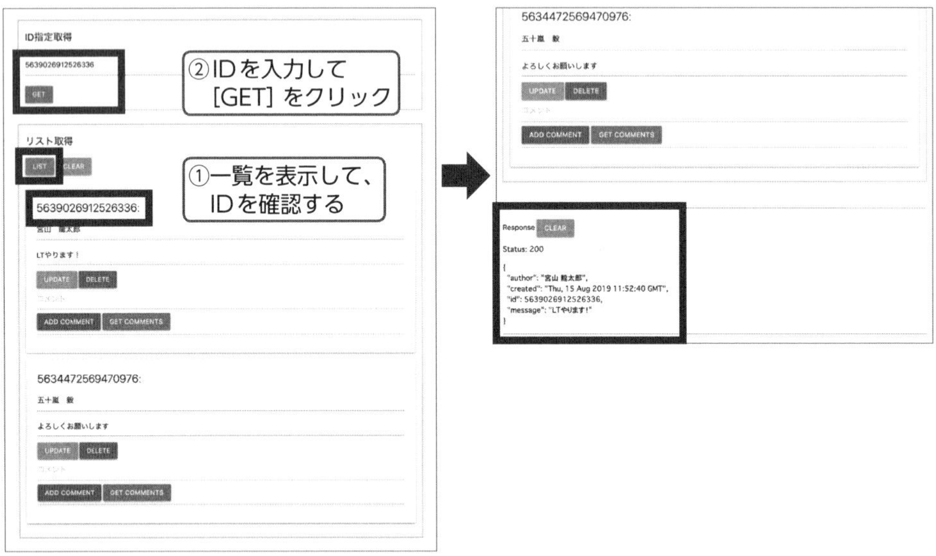

図8.20 取得失敗

8.7.3.1 クラウドシェル で確認

クラウドシェル で確認する場合は次のコマンドを実行します。<KeyID>は任意のIDに変更します。

```
$ GUESTBOOK_URL=https://<GUESTBOOK_PROJECT_ID>.appspot.com
$ curl $GUESTBOOK_URL/api/greetings/<KeyID> | python -m json.tool
----出力例----
{
    "author": "Tsuyoshi Igarashi",
    "created": "Sun, 30 Jun 2019 16:19:01 GMT",
    "id": <KeyID>,
    "message": "\u3053\u3093\u306b\u3061\u306f"
}
```


8.8 Datastoreからデータを更新する

次に保存されたデータを更新する機能を追加します。

8.8.1 データの更新方法

Datastoreに保存されたデータを更新するコードを示します。

```
# データストアのクライアントオブジェクトを取得
client = datastore.Client()

# Keyを使ってエンティティを取得する
key = client.key('Example', 5710239819104256)
entity = client.get(key=key)

# エンティティのプロパティを更新する
entity['author'] = 'TSUYOSHI IGARASHI'

# データストアに保存する
client.put(entity)
```

データの更新は、Keyを使った取得と保存の合わせ技です。KeyIDを使ってDatastoreからエンティティを取得します。

```
# Keyを使ってエンティティを取得する
key = client.key('Example', 5710239819104256)
entity = client.get(key=key)
```

次にプロパティに新しい値をセットします。

```
# エンティティのプロパティを更新する
entity['author'] = 'TSUYOSHI IGARASHI'
```

最後に、client.put()でデータを保存しています。

```
# データストアに保存する
client.put(entity)
```

8.8.2 データ更新の練習

Exampleアプリでデータ更新の練習をします。Datastoreに保存されたExampleカインドのデータを1件取得し、エンティティの内容を更新しています。データの更新処理は、insert APIとget APIを利用しています。

①インポートモジュールの確認
②データを更新する
③レスポンスデータを返す

8.8.2.1 開発環境の確認

次のコマンドを実行してExampleアプリの開発環境にします。

```
$ cd $HOME/gae-study/example
$ source env/bin/activate
$ gcloud config set project <EXAMPLE_PROJECT_ID>
```

8.8.2.2 [手順①] インポートモジュールの確認

インポート文に変更はありません。

8.8.2.3 [手順②] データを更新する

main.pyにupdate関数を追加します。update関数の引数key_idにはエンティティのKeyIDが入ってきます。データの更新処理は、insert関数とget_by_id関数の処理と同じ内容を追加します。

- メソッドの冒頭でDatastoreを操作するためのデータストアクライアントオブジェクトを生成する

- update関数の引数のkey_idを使って、Datastoreからエンティティを取得する
- 取得に成功した場合は、エンティティにプロパティの値をセットする
- Datastoreにエンティティを保存する
- 取得に失敗した場合は、{'message': 'リソースが見つかりませんでした。'} を返す

最後に、エンティティにidプロパティを追加してエンティティを返します。

```
def update(key_id):
    # データストアのクライアントオブジェクトを取得
    client = datastore.Client()

    # Keyを使ってエンティティを取得する
    key = client.key('Example', key_id)
    entity = client.get(key=key)

    # エンティティが存在しなかった場合はエラーメッセージを返す
    if not entity:
        return {'message': 'リソースが見つかりませんでした。'}

    # エンティティのプロパティを更新する
    entity['author'] = 'TSUYOSHI IGARASHI'

    # データストアに保存する
    client.put(entity)

    # エンティティにidプロパティを追加する
    entity['id'] = entity.key.id

    return entity
```


8.8.2.4 [手順③] レスポンスを返す

home関数を次のように変更します。先ほど作成したget_by_id関数の呼び出しはコメントアウトします。 コードの<KeyID>に有効なKeyIDに置き換えます。引数にkey_idを指定してupdate関数を呼び出します。

```
@app.route('/')
def home():
    # res = insert()
    # res = get_all()
    key_id = <KeyID>     # 取得対象のKeyIDに置き換えてください。
    # res = get_by_id(key_id)
```

```
    res = update(key_id)

    return res
```

main.pyは**リスト8.19**のようになります。

■ **リスト8.19 main.py**

```
@app.route('/')
def home():
    # res = insert()
    # res = get_all()
    key_id = <KeyID>            # KeyIDを指定する
    # res = get_by_id(key_id)
    res = update(key_id)
    return res


def insert():
(……中略……)


def get_all():
(……中略……)


def get_by_id(key_id):
(……中略……)


def update(key_id):
    # データストアのクライアントオブジェクトを取得
    client = datastore.Client()

    # Keyを使ってエンティティを取得する
    key = client.key('Example', key_id)
    entity = client.get(key=key)

    # エンティティが存在しなかった場合はエラーメッセージを返す
    if not entity:
        return {'message': 'リソースが見つかりませんでした。'}

    # エンティティのプロパティを更新する
    entity['author'] = 'TSUYOSHI IGARASHI'

    # データストアに保存する
    client.put(entity)
```

```
    # エンティティにidプロパティを追加する
    entity['id'] = entity.key.id
    return entity


if __name__ == '__main__':
    app.run(host='127.0.0.1', port=8080, debug=True)
```

8.8.3 動作確認

アプリをデプロイして動作確認をします。ブラウザからURLにhttps://<EXAMPLE_PROJECT_ID>.appspot.comにアクセスし、**図8.21**のような画面が表示されることを確認します。Datastoreのデータが更新されていることを確認します（**図8.22**）。

図8.21 動作確認

spherical-elf-244211.appspot.com
{"author":"TSUYOSHI IGARASHI","created":"Wed, 14 Aug 2019 19:46:22 GMT","id":5629499534213120}

図8.22 Datastoreのデータ更新を確認

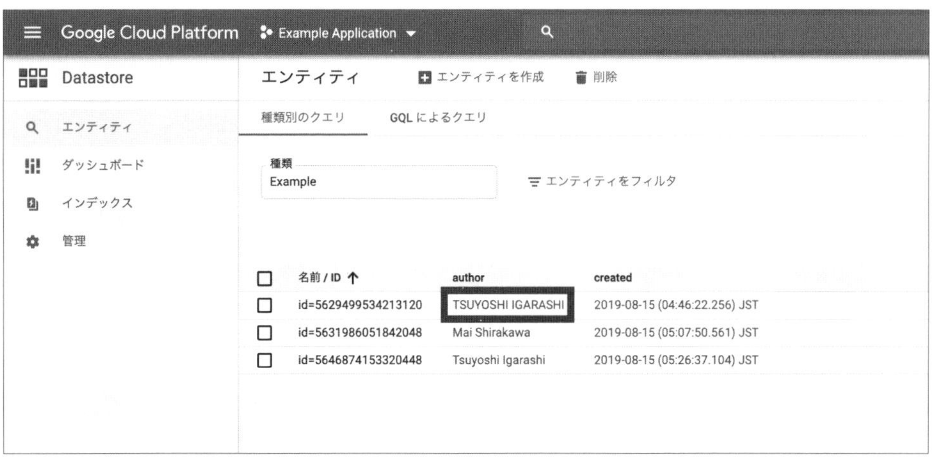

8.9 ［実習］データの更新

GuestBookアプリにデータの更新機能をを追加します。DatastoreのGreetingカインドに保存されているエンティティを更新します（**図8.23**）。

図8.23 完成図

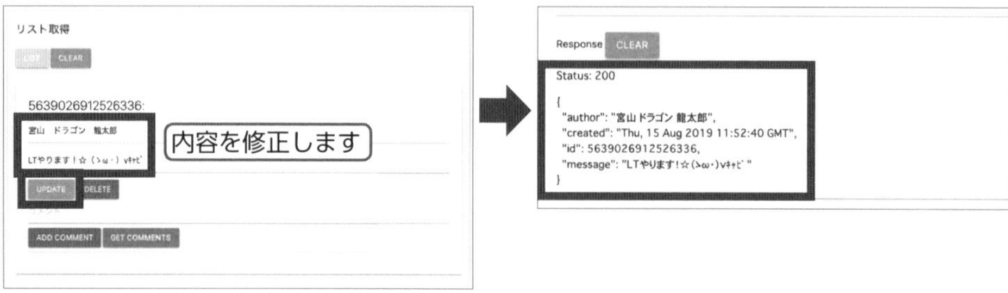

8.9.1 update APIの作成

GuestBookアプリにupdate APIを追加します。update APIは"/api/greetings/<KeyID>"にPUTメソッドでリクエストが送られてきたときに、パスパラメータからKeyIDを取得して、データの更新を行います。APIの詳細は次のようになります（**図8.24**）。

Request

```
PUT https://<GUESTBOOK_PROJECT_ID>.appspot.com/api/<KeyID>
```

URLにKeyIDをパスパラメータで指定する（**表8.9、表8.10**）。

●**表8.9** Request Parametor

プロパティ名	required	型	詳細
KeyID	○	Long	KeyID

●**表8.10** Request body

プロパティ名	required	型	詳細
author	○	String	名前
message	–	String	メッセージ

Response

→ステータスコード200

→データの更新に成功した場合はGreetingリソースを返す（**表8.11**）

●表8.11 Response body

プロパティ名	型	詳細
id	Long	KeyID
author	String	名前
message	String	メッセージ
created	String	作成日時

サンプル

● Request

```
https://GUESTBOOK_PROJECT_ID.appspot.com/api/greetings/5638186843766784
```

● Body

```
'{"author": "五十嵐家三代当主 五十嵐 毅斎", "message": "宜しく御願い致す"}'
レスポンス

{
  "author": "五十嵐家三代当主 五十嵐 毅斎",
  "created": "Mon, 24 Jun 2019 20:14:43 GMT",
  "id": 5717023518621696,
  "message": "宜しく御願い致す"
}
```

図8.24 動作確認

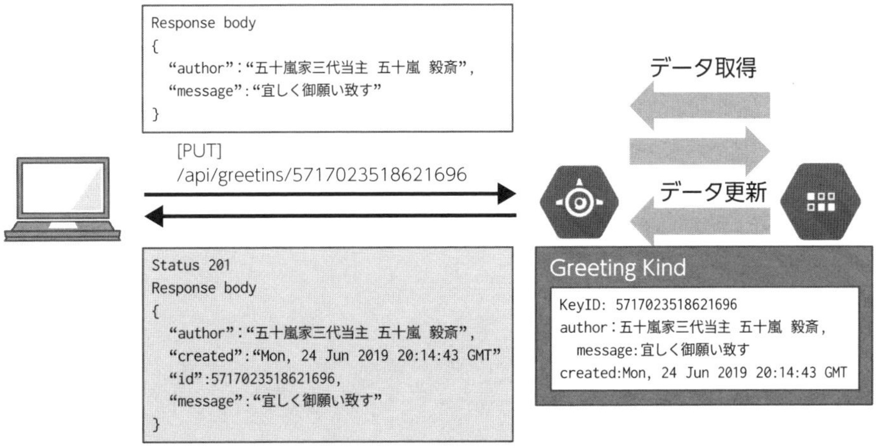

8.9.2 実習の手順

手順は次になります。

①インポートモジュールの確認
②Datastoreを更新する
③レスポンスデータを返す

8.9.2.1 開発環境の確認

次のコマンドを実行してGuestBookアプリの開発環境にします。

```
$ cd $HOME/gae-study/guestbook
$ source env/bin/activate
$ gcloud config set project <GUESTBOOK_PROJECT_ID>
```

8.9.2.2 [手順①] インポートモジュールの確認

インポート文に変更はありません。

8.9.2.3 [手順②] Datastoreを更新する

ds.pyを修正して、エンティティを更新するupdate関数を作成します。update関数に次の処理を追加します。

- 引数でエンティティを受け取る
- idプロパティを削除する
- 引数で受け取ったエンティティを更新する
- エンティティにidを追加して返す

```
def update(entity):
    if 'id' in entity:del entity['id']
    client = datastore.Client()
    client.put(entity)
    entity['id'] = entity.key.id
    return entity
```

8.9.2.4 [手順③] レスポンスデータを返す

次にmain.pyの修正です。main.pyでは 次の処理を追加します。

- /api/greetingsのPUTリクエストでパスパラメータを引数key_idで受け取れるようにする
- dsモジュールのget_by_idメソッドを実行する
- ds.get_by_idの戻り値のentityを受け取り、ds.updateを実行する
- ds.updateの戻り値のentityを受け取りJSON形式にしてクライアントに返す

```
@app.route('/api/greetings/<key_id>', methods=['GET', 'PUT'])
@app.route('/api/greetings', methods=['GET', 'POST'])
def greetings(key_id=None):
    if request.method == 'GET':

      (……中略……)

    elif request.method == 'PUT':
        entity = ds.get_by_id(key_id)
        if not entity:
            abort(404)
            return entity

        entity['author'] = request.json['author']
        entity['message'] = request.json['message']
        entity = ds.update(entity)
        return entity
```


8.9.3 動作確認

アプリをデプロイし、次の手順で確認します。

①https://<GUESTBOOK_PROJECT_ID>.appspot.comを開く
②[List]ボタンをクリックして一覧を取得する
③一覧からいずれかのGreeingデータの値を変更して[Update]ボタンをクリックする

確認項目は次のとおりです。

- [Update]ボタンをクリックするとJSONが返ってくること(**図8.25**)
- ステータスコード200が返ってくること
- 無効なIDを指定した場合は404が返ってくること
- クラウドコンソールの[Datastore]を開きデータが更新されていること(**図8.26**)

図8.25 JSONデータの戻り

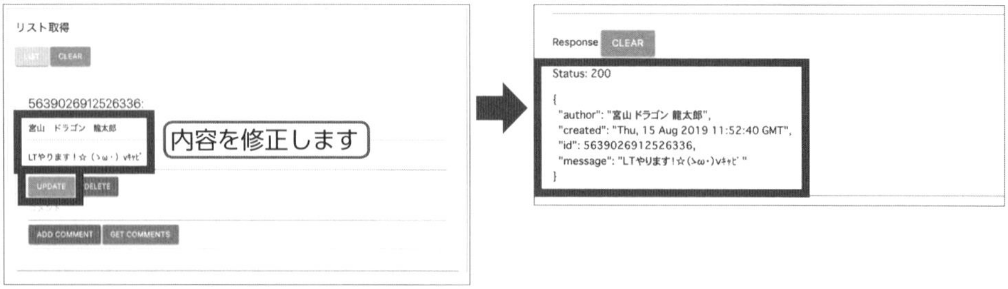

図8.26 データの更新を確認

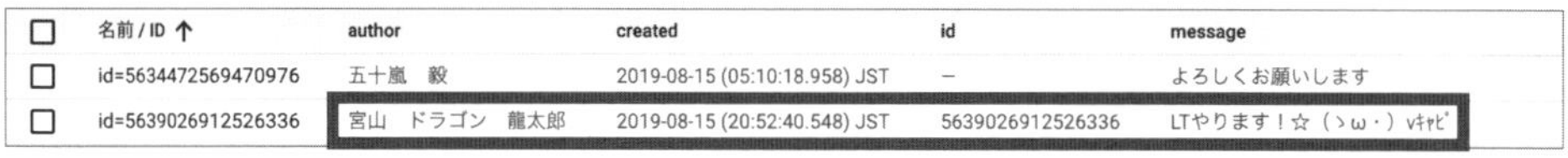

	名前 / ID ↑	author	created	id	message
☐	id=5634472569470976	五十嵐　毅	2019-08-15 (05:10:18.958) JST	–	よろしくお願いします
☐	id=5639026912526336	宮山　ドラゴン　龍太郎	2019-08-15 (20:52:40.548) JST	5639026912526336	LTやります！☆（＞ω・）ｖｷｬﾋﾟ

8.9.3.1 クラウドシェルで確認

クラウドシェルで確認する場合は次のコマンドを実行します。<KeyID>は任意のIDに変更します。

```
$ GUESTBOOK_URL=https://<GUESTBOOK_PROJECT_ID>.appspot.com
$ curl $GUESTBOOK_URL/api/greetings/<KeyID> -X PUT -H "Content-Type: application/
json" -d '{"author": "Ryutaro Miyayama", "message": "LGTM"}' | python -m json.tool
----出力例----
{
    "author": "Ryutaro Miyayama",
    "created": "Mon, 01 Jul 2019 23:22:00 GMT",
    "id": <KeyID>,
    "message": "LGTM"
}
```

8.10 Datastoreからデータを削除する

Exampleアプリにデータを削除する機能を追加します。KeyID使って対象のエンティティをDatastoreから削除します。エンティティは必ず一意となるKeyを持っています。Datastoreからエンティティの削除を行うときはこのキーが必要です。

8.10.1 データの削除方法

Datastoreに保存されたデータを削除するコードを見てみましょう。次のコードは、Datastoreに保存されているExampleエンティティを1件削除しています。Datastoreのデータを削除するにはclient.delete()で引数にキーを指定します。

```
# データストアのクライアントオブジェクトを取得
client = datastore.Client()

# KeyIDを指定してKeyを生成する
key = client.key('Example', 5710239819104256)

# データストアかエンティティを削除する
client.delete(key)
```


8.10.2 データ削除の練習

Exampleアプリでデータ削除の練習をします。/api/example/<KeyID>にDELETEリクエストが飛んできたときに、パスパラメータのKeyIDを使って、エンティティを削除します。手順は次のとおりです。

①インポートモジュールの確認
②ルーティングの設定
③データを削除する
④レスポンスを返す

8.10.2.1 開発環境の確認

次のコマンドを実行してExampleアプリの開発環境にします。

```
$ cd $HOME/gae-study/example
$ source env/bin/activate
$ gcloud config set project <EXAMPLE_PROJECT_ID>
```

8.10.2.2 [手順①] インポートモジュールの確認

インポート文に変更はありません。

8.10.2.3 ［手順②］データを削除する

main.pyにdelete関数を追加します。delete関数の引数key_idにはエンティティのKeyIDが入ってきます。このKeyIDを使ってDatastoreからエンティティを削除する処理を追加します。

- メソッドの冒頭でデータストアクライアントオブジェクトを取得する
- 引数のkey_idを使って、Keyオブジェクトを生成する
- clienbt.delete()エンティティを削除する
- 「Deleted!」というメッセージを格納した辞書オブジェクトを返す

```
def delete(key_id):
    # データストアのクライアントオブジェクトを取得
    client = datastore.Client()

    # KeyIDを指定してKeyを生成する
    key = client.key('Example', key_id)

    # データストアからエンティティを削除する
    client.delete(key)

    return {'message': 'Deleted!'}
```

8.10.2.4 ［手順③］レスポンスを返す

home関数を次のように変更します。先程作成したupdate関数の呼び出しはコメントアウトします。コードの**<KeyID>**に有効な**KeyID**に置き換えます。引数にkey_idを指定してdelete関数を呼び出します。

```
@app.route('/')
def home():
    # res = insert()
    # res = get_all()
    key_id = <KeyID>    # 取得対象のKeyIDに置き換えてください。
    # res = get_by_id(key_id)
    # res = update(key_id)
    res = delete(key_id)

    return res
```

main.pyの内容は次のようになります。

```
(……中略……)

@app.route('/')
def home():
    # res = insert()
    # res = get_all()
    key_id = <KeyID>            # KeyIDを指定する
    # res = get_by_id(key_id)
    # res = update(key_id)
    res = delete(key_id)

    return res


def insert():
      (……中略……)


def get_all():
      (……中略……)


def get_by_id(key_id):
      (……中略……)


def update(key_id):
      (……中略……)


def delete(key_id):
    # データストアのクライアントオブジェクトを取得
    client = datastore.Client()

    # KeyIDを指定してKeyを生成する
    key = client.key('Example', key_id)

    # データストアからEntityを削除する
    client.delete(key)

    return {'message': 'Deleted!'}


if __name__ == '__main__':
    app.run(host='127.0.0.1', port=8080, debug=True)
```

8.10.3 動作確認

アプリをデプロイして動作確認をします。ブラウザからURLにhttps://<EXAMPLE_PROJECT_ID>.appspot.comにアクセスし、**図8.27**のような画面が表示されることを確認します。Datastoreのデータが削除されていること（**図8.28**）を確認します。

図8.27 ブラウザでアクセスをして動作確認

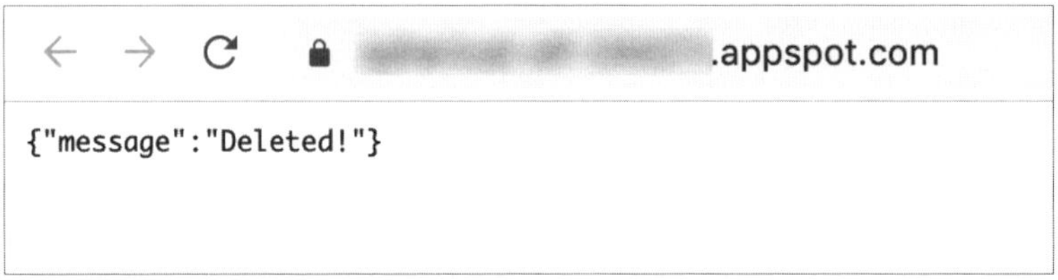
.appspot.com
{"message":"Deleted!"}

図8.28 データ削除を確認

名前 / ID ↑	author	created
id=5629499534213120	TSUYOSHI IGARASHI	2019-08-15 (04:46:22.256) JST
id=5631986051842048	Mai Shirakawa	2019-08-15 (05:07:50.561) JST
id=5646874153320448	Tsuyoshi Igarashi	2019-08-15 (05:26:37.104) JST

↓

名前 / ID ↑	author	created
id=5631986051842048	Mai Shirakawa	2019-08-15 (05:07:50.561) JST
id=5646874153320448	Tsuyoshi Igarashi	2019-08-15 (05:26:37.104) JST

8.11 ［実習］データの削除

GuestBookアプリにデータの削除機能をを追加しましょう。DatastoreのGreetingカインドに保存されているエンティティを削除します（**図8.29**）。

図8.29 実習データの削除

8.11.1 delete APIの作成

GuestBookアプリにdelete APIを追加します。delete APIは`/api/example/<KeyID>`にDELETEメソッドでリクエストが送られてきます。<KeyID>の部分にKeyIDがパスパラメータで設定されています。パスパラメータを使って、対象のエンティティをDatastoreから削除し、クライアントにはステータスコード204を返します（**図8.30**）。

APIの詳細は次のようになります。

Request

```
DELETE https://GUESTBOOK_PROJECT_ID.appspot.com/api/greetings/<KeyID>
```

URLにKeyIDを**表8.12**のようにパスパラメータで指定します。

●**表8.12** Request Parameter

プロパティ名	required	型	詳細
KeyID	○	Long	KeyID

Response

→ステータスコード204

サンプル

● Request

```
https://GUESTBOOK_PROJECT_ID.appspot.com/api/greetings/5717023518621696
```

● Respons

→ステータスコード204

図8.30 サンプルの実行結果

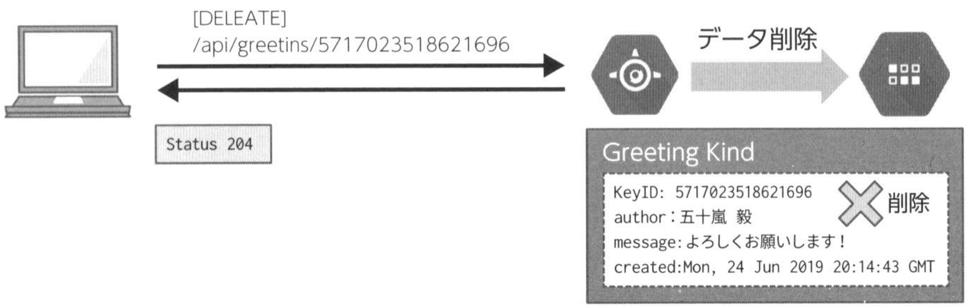

8.11.2 実習の手順

実習の手順は次のようになります。

①インポートモジュールの確認

②データを削除する

③レスポンスを返す

8.11.2.1 開発環境の確認

次のコマンドを実行してGuestBookアプリの開発環境にします。

```
$ cd $HOME/gae-study/guestbook
$ source env/bin/activate
$ gcloud config set project <GUESTBOOK_PROJECT_ID>
```

8.11.2.2 [手順①] インポートモジュールの確認

インポート文に変更はありません。

8.11.2.3 [手順②] データを削除する

ds.pyを修正して、エンティティを削除するdelete関数を作成します。delete関数に次の処理を追加します。

- 引数でKeyIDを受け取る
- 引数で受け取ったKeyIDを使ってDatastoreからエンティティを削除する

```
def delete(key_id):
    client = datastore.Client()
    key = client.key('Greeting', int(key_id))
    client.delete(key)
```

8.11.2.4 ［手順③］レスポンスデータを返す

次にmain.pyの修正です。main.pyでは 次の処理を追加します。/api/greetingsのDELETEリクエストでパスパラメータを引数key_idで受け取れるようにします。

- dsモジュールのdeleteメソッドを実行する
- ステータスコード204を返す

```
@app.route('/api/greetings/<key_id>', methods=['GET', 'PUT', 'DELETE'])
@app.route('/api/greetings', methods=['GET', 'POST'])
def greetings(key_id=None):
    if request.method == 'GET':

        (……中略……)

    elif request.method == 'DELETE':
        ds.delete(key_id)
        return '', 204
```

8.11.3 動作確認

アプリをデプロイして次のことを確認します。動作確認は、第6章で追加したindex.htmlを使って、/api/greetings/<KeyID>に対してDELETEリクエストを送ります。

確認手順

①https://<GUESTBOOK_PROJECT_ID>.appspot.comを開く

②［List］ボタンをクリックして一覧を取得する

③一覧からいずれかのGreeingデータの［Delete］ボタンをクリックする

確認項目

→ステータスコード204が返ってくること（**図8.31**）

→無効なIDを指定した場合は404が返ってくること

→クラウドコンソールの［Datastore］を開きデータが削除されていること（**図8.32**）

図8.31 ステータスコード204の確認

図8.32 データの削除の確認

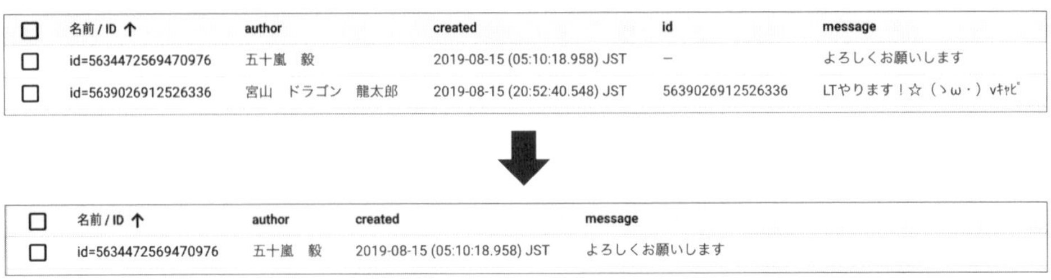

	名前 / ID ↑	author	created	id	message
☐	id=5634472569470976	五十嵐　毅	2019-08-15 (05:10:18.958) JST	–	よろしくお願いします
☐	id=5639026912526336	宮山　ドラゴン　龍太郎	2019-08-15 (20:52:40.548) JST	5639026912526336	LTやります！☆（ﾟ∀ﾟ）ｷﾀｺﾚ

↓

	名前 / ID ↑	author	created	message
☐	id=5634472569470976	五十嵐　毅	2019-08-15 (05:10:18.958) JST	よろしくお願いします

8.11.3.1 クラウドシェルで確認

クラウドシェルで次のコマンドを実行します。<KeyID>は任意のIDに変更します。

```
$ GUESTBOOK_URL=https://<GUESTBOOK_PROJECT_ID>.appspot.com
$ curl $GUESTBOOK_URL/api/greetings/<KeyID> -X DELETE
  DELETEメソッドの場合はレスポンスデータはありません
```

8.12 実習をローカル環境で動かす

デプロイせずにローカル環境で実行すると**図8.33**のようなエラーが発生します。

図8.33 ローカル環境で実行したときのエラー

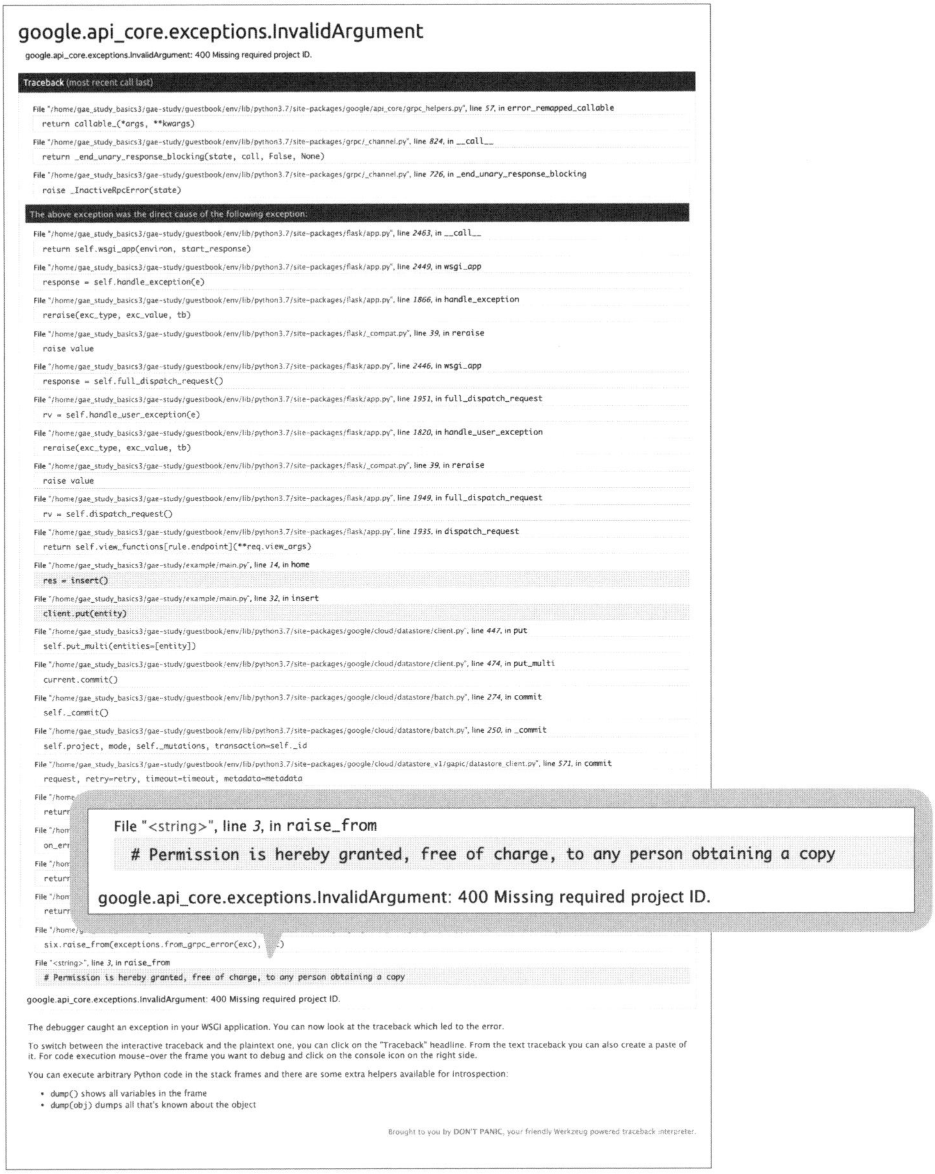

エラーメッセージは、「Permission is hereby granted, free of charge, to any person obtaining a copy」と表示され、権限関係のエラーであることが推測できます。

なぜこのようなエラーが発生するのかというと、ローカル環境で実行しているPythonアプリがCloud Datastoreにアクセスしていますが、アプリにCloud Datastoreへのアクセス権限がないため、パーミッションエラーが発生しているのです。

では、なぜデプロイしているアプリからはアクセスできるのかというと、GCPにはApplication Default Credentials（ADC）という仕組みが用意されていて、それに従ってアプリのアクセス権限を確認し、有効なアクセス権限を持っている場合はパーミッションエラーが発生しないようになっています。

有効なアクセス権限は、次の順番で確認されます。

①環境変数GOOGLE_APPLICATION_CREDENTIALSが指すサービスアカウントファイルを使用する
②環境変数が設定されていない場合は、App Engineが提供するデフォルトのサービスアカウントを使用する
③どちらでもない場合はアクセス権限がなしと判断され、エラーが発生する

ローカル環境で実行する場合は、「どちらでもない場合はアクセス権限がなしと判断され、エラーが発生する」に該当するため、認証エラーが起きたのです。

8.12.1 サービスアカウント

GAEアプリからCloud Datastoreにアクセスするには**サービスアカウント**を使います。サービスアカウントというのは、プログラムに与えられるIDのことです。GCPのリソースにアクセスする方法として、gcloudコマンドやクラウドコンソール、Google Cloud Client Libraryなどの手段がありますが、いずれも裏側ではGCPのAPIを叩いています。GAEアプリがGoogle Cloud Client Libraryを使ってDatastoreにデータを保存するときも取得するときでも、裏側ではAPIが使われています。普段は意識することなく使われていますが、GCPのAPIは誰もが自由に使っていいものではありません。

第3章でCloud IAMという機能が、**誰がどのリソースに対してどんなアクセス権を持っているか**を管理していると説明しました。誰という部分には人間以外も指定でき、GAEアプリに対しても設定できます。GAEアプリのようなプログラムにGoogleアカウントを発行することで、アプリに権限を与えることができます。このようなアプリに発行するアカウントのことを**サービスアカウント**と呼びます。

8.12.1.1 なぜローカル環境では動作しないのか

デプロイしているGAEアプリはDatastoreにアクセスできますが、ローカル環境で動いているGAEアプリはアクセスできません。それはデプロイしたGoogleのクラウド上で動いているGAEアプリにはデフォルトでサービスアカウントが用意されていて、特に指定しない限りはこのサービスアカウントを使うようになっているからです。このデフォルトで追加されているサービスアカウントのことを**デフォルトサービスアカウント**と呼びます。

デフォルトサービスアカウントを確認は次のようにします。［ナビゲーションメニュー］→［IAMと管理］→［サービスアカウント］を選択してサービスアカウントの画面を表示させます。**<プロジェクトID>@appspot.gserviceaccount.com**というサービスアカウントがあり、名前に「App Engine default service account」と設定されているのが確認できます。ほかにも本書では使いませんが、GCEのデフォルトサービスアカウントも自動で作成されています。

図8.34 サービスアカウントの確認

クラウドで動くGAEアプリにはデフォルトサービスアカウントが用意されていますが、ローカル環境で動いているGAEアプリはサービスアカウントを持っていません。GCPリソースに対するあらゆる権限を持っていないためパーミッションエラーが発生してしまったのです。

8.12.1.2 ローカル環境で動かすには

クラウドで動くアプリにはデフォルトサービスアカウントが使われますが、ローカル環境で動くアプリにはサービスアカウントがないため動きません。ローカル環境のアプリにもサービスアカウントを設定することで、ローカルでも実行できます。そのためにはサービスアカウントのキーをダウンロードする必要があります。GAEのデフォルトサービスアカウントの［操作メニュー］をクリックして［鍵を作成］を選択します。

図8.35 ［鍵を作成］の選択

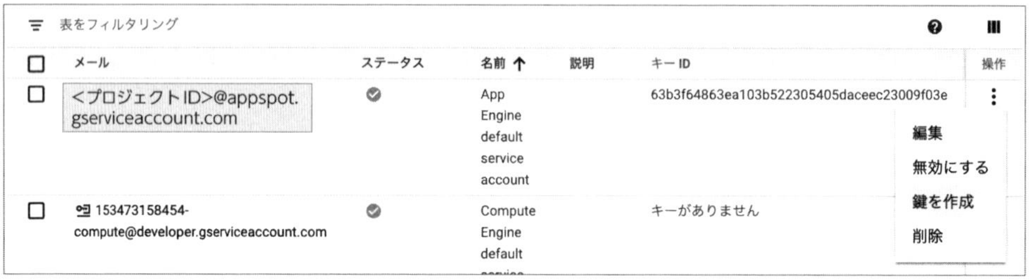

［App Engine default service account］の秘密鍵の作成のダイアログが表示されたらキータイプに［JSON］を選択して［作成］ボタンをクリックします（**図8.36**）。

図8.36 秘密鍵の作成

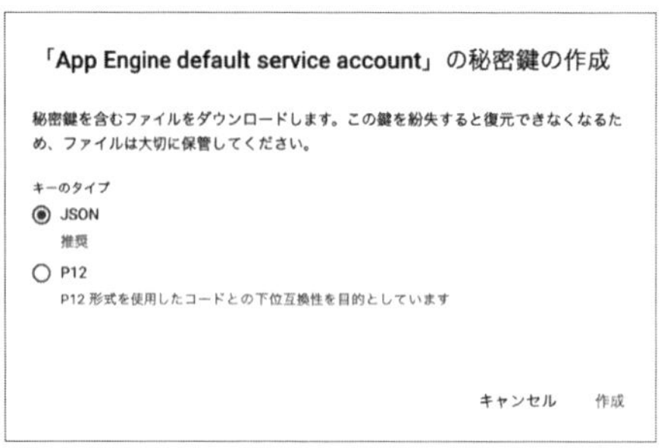

秘密鍵がパソコンに保存されましたというダイアログが表示されたら、「credentials.json」という名前で保存します（**図8.37**）。

図8.37 秘密鍵の保存

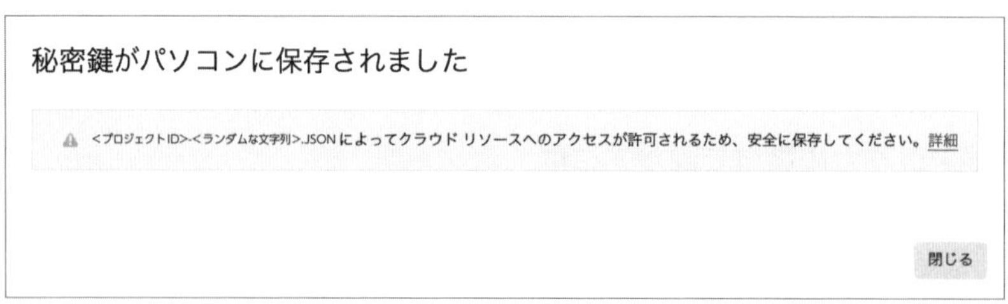

コードエディタ を起動して、gae-studyフォルダを右クリックして、[Upload Files...]をクリックし、「credentials.json」をアップロードします（**図8.38**）。

図8.38 JSONファイルのアップロード

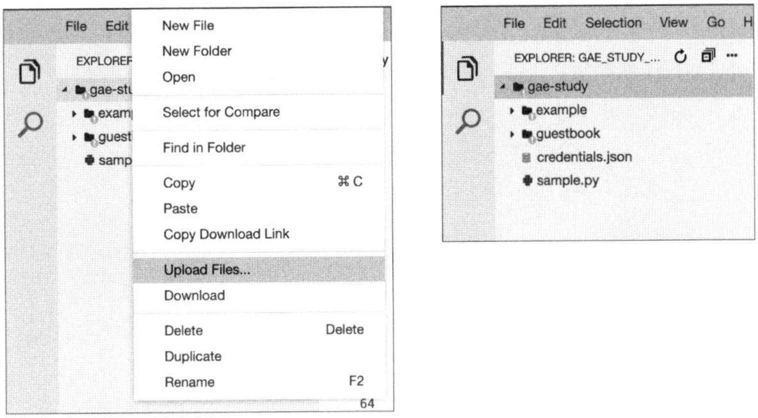

環境変数「GOOGLE_APPLICATION_CREDENTIALS」を作成します。次のコマンドを実行しましょう。

```
export GOOGLE_APPLICATION_CREDENTIALS="$HOME/gae-study/credentials.json"
```

アプリを実行して、ローカル環境でも実行できることを確認しましょう。

```
$ python gustbook/main.py
```

column 「デフォルトサービスアカウントの権限は強過ぎる」

デフォルトサービスアカウントは最初から用意されていて、GCPのほとんどのリソースに対する編集権限を持っているため便利なのですが、その反面セキュリティ的にはよくありません。アプリが触っていいリソースはDBやストレージといくつかの連携するサービスです。そのため本来アクセスしないリソースに対するアクセス権限を持っている必要はありません。実際の業務ではアプリごとにサービスアカウントを作成して最小限のアクセス権限だけ付与して運用してください。

column 「データストアエミュレーター」

ローカル環境で実行しても、Datastoreのアクセスはクラウドに送られてしまいます。Datastoreもローカル環境で動かしたい場合は、データストアエミュレーターを使います。しかし、本書執筆時点ではデータストアエミュレーターは保存データを確認するためのUIが用意されてなくgcloudコマンドがβ版のため、本書では使い方の説明は省略します。使用を検討する場合は公式サイトを確認してください(https://cloud.google.com/datastore/docs/tools/datastore-emulator?hl=ja)。

第9章

エンティティグループ

第9章 エンティティグループ

9.1 エンティティグループとは

Datastoreにはリレーショナルデータベース（以降、RDB）にはない概念でエンティティグループが存在します。これは関連性の高いエンティティ同士に親子関係を持たせることができる機能で、RDBの外部キーを使ったリレーションと似ていますが、使い方はまったく異なります。エンティティを作成するときに、別のエンティティを親に指定できます。あるエンティティの親のことを、**親エンティティ**または、**アンセスター（Ancestor）**と呼び、親エンティティを持ったエンティティを**子エンティティ**または**デセンダント（Descendant）**と呼びます。親子関係を持ったエンティティの集合を**エンティティグループ**と呼びます。すでにあるエンティティの親になっているエンティティも親を指定できます。また、親エンティティは子エンティティを複数持つことができます。エンティティグループの中で親を持たないエンティティ、つまり最上位のエンティティのことを**ルートエンティティ**と呼びます（**図9.1**）。

図9.1 エンティティグループ

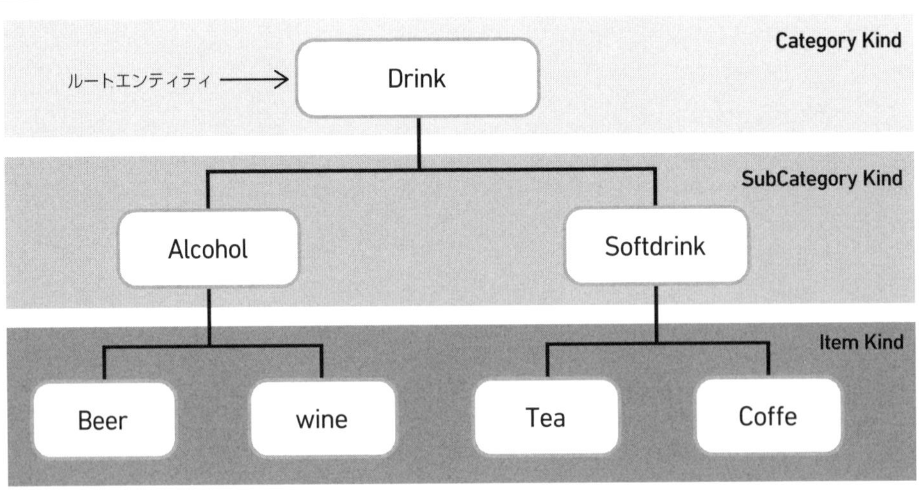

ここまでの説明では、RDBでのリレーションとの違いが不明確ですが、次の2点の違いを挙げます。

- **エンティティグループはカインドに設定するものではない**
- **同じカインドのエンティティ同士に親子関係を設定できる**

RDBのリレーションはテーブル同士に設定しますが、Datastoreのエンティティグループはカインドに対して設定するわけではなく、エンティティ間で作成するものです。

また、同じカインドのエンティティ同士に親子関係を設定できます。リレーションの代表例はカテゴリとサブカテゴリのような関係です。たとえば「ドリンク」というカテゴリに「アルコール」や「ソフトドリンク」というサブカテゴリがあり、それぞれは異なるテーブルに存在していて、構造も異なることが多いです。

では、同じカインドに親子関係を持たせるのはどんなときかというと、たとえば掲示板のリプライが挙げられます。投稿データには、「投稿した人」、「メッセージ」、「作成日」などのような要素があり、投稿データに対するリプライデータも、「(返信を)投稿した人」、「メッセージ」、「作成日」と同じ要素になります。

このような場合、RDBではそれぞれに「メッセージテーブル」と「リプライテーブル」などのように2つのテーブルを用意することになりますが、Datastoreでは同じカインドで済みます。Messageカインドのエンティティ同士に親子関係を設定して、どのメッセージに対するリプライかを表します。多少プロパティが異なっていても、Datastoreはスキーマレスですので同じカインドでプロパティが固定されるようなことはありません。また、リプライのリプライのように階層が深くなってもカインドを増やす必要はありません(**図9.2**)。

図9.2 カインドの階層関係

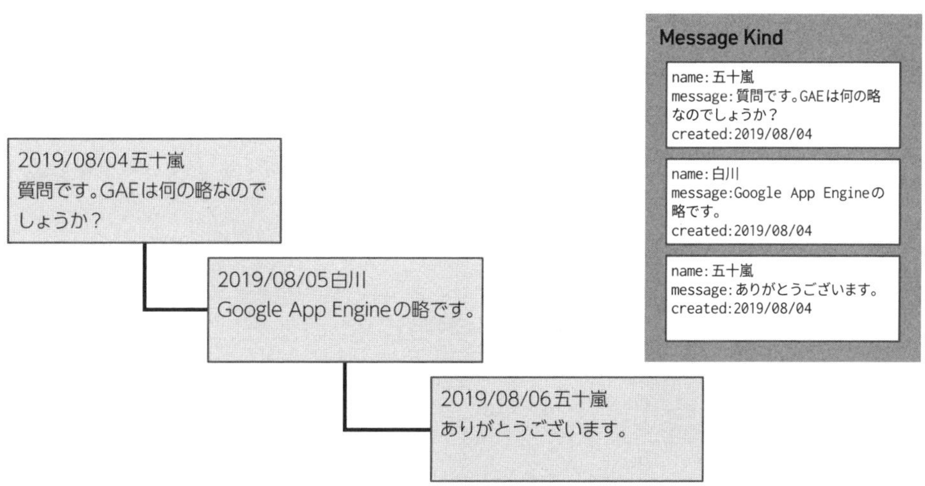

9.1.1 アンセスターパス

アンセスターは英語のAncestorのことです。直訳すると「祖先」です。親子関係を持ったエンティティは、必然的に子エンティティ、子の子エンティティの祖先であり、親エンティティや、親の親エンティティの子孫です。親を持ったエンティティからルートエンティティまでのパスをアンセスターパスと呼びます(**図9.3**)。また、エンティティグループを操作するクエリのことを、**アンセスタークエリ(祖先クエリ)**と呼びます。

図9.3 アンセスターパス

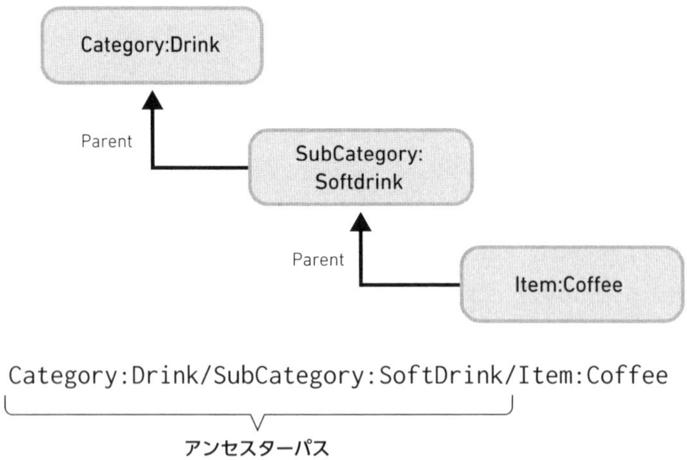

9.2 エンティティグループを作成する

前章で作成したExampleアプリを修正して、エンティティグループを作成する練習をします。ここでは、Exampleエンティティのほかに新たにExampleChildというエンティティを用意して、それぞれを親子関係にします。

- Example：前章で使ったものと同様
- ExampleChild：Exampleの子エンティティとなるカインド

それぞれのエンティティの構造は**表9.1**、**表9.2**のようになります。

●表9.1 Example Kindの構造

キー／プロパティ	型	内容
キー	Long	KeyID（自動生成されるLong型のキーのID）
author	String	名前
created	DateTime	登録日時

●表9.2 ExampleChild Kindの構造

キー／プロパティ	型	内容
キー	Long	KeyID（自動生成されるLong型のキーのID）
author	String	名前

9.2.1 エンティティグループの作成方法

エンティティグループを作成するコードを見てみましょう。**リスト9.1**は、ExampleエンティティとExampleChildエンティティを親子関係にしています。

■リスト9.1 エンティティグループを作成する例

```
#データストアのクライアントオブジェクトを取得
client = datastore.Client()

# ParentIDを指定して親キーを生成する
parent_key = client.key('Example', <parentID>)

# 親キーを使って子キーを生成する
key = client.key('ExampleChild', parent=parent_key)

# エンティティを作成し、プロパティを設定する
entity = datastore.Entity(key=key)
entity['author'] = 'Child Igarashi'

# データストアに保存する
client.put(entity)
```

エンティティを作成するときに、すでに存在する親エンティティのキー（本書ではParentIDと表記します）を指定するとエンティティグループが作成されます。親となるキーはこれまでと同じ方法で作成します。

```
parent_key = client.key('Example', 5710239819104256)
```

parentオプションに親キーを指定してエンティティグループを作成します。例では、に親カインドのキーを指定して作成しています。

```
key = client.key('ExampleChild', parent=parent_key)
```

親情報を持ったキーを使ってエンティティを作成すると、親子関係になります。

```
entity = datastore.Entity(key=key)
```

9.2.2 エンティティグループの作成練習

第8章で作成したExampleアプリを修正してエンティティグループ作成の練習をします。ExampleエンティティとExamplChildエンティティを使ってExampleアプリにエンティティグループを作成します。次の手順で行います。

①インポートモジュールの確認
②エンティティグループを作成する
③レスポンスを返す

9.2.2.1 開発環境の確認

次のコマンドを実行してExampleアプリの開発環境にします。

```
$ cd $HOME/gae-study/example
$ source env/bin/activate
$ gcloud config set project <EXAMPLE_PROJECT_ID>
```

9.2.2.2 [手順①] インポートモジュールの確認

インポート文に変更はありません。

9.2.2.3 [手順②] エンティティグループを作成する

main.pyにadd_child関数を追加します。add_child関数では、エンティティグループを作成するため次の処理を追加します。

- 関数の引数にparent_idを指定する
- 関数の冒頭でDatastoreを操作するためのデータストアクライアントオブジェクトを生成する
- parent_idを使って親キーを作成する
- 作成した親キーを使ってExampleChildエンティティを作成し、変数entityにセットする
- エンティティにプロパティーをセットする
- エンティティをDatastoreに保存する
- エンティティにidプロパティを追加する
- エンティティを返す


```
def add_child(parent_id):
    client = datastore.Client()
    parent_key = client.key('Example', parent_id)
    key = client.key('ExampleChild', parent=parent_key)
    entity = datastore.Entity(key=key)
    entity['author'] = 'Child Igarashi'
    client.put(entity)
    entity['id'] = entity.key.id

    return entity
```

9.2.2.4 [手順③] レスポンスを返す

home関数を次のように変更します。

- エンティティグループを作成する関数add_childを呼び出す。引数には親となるExampleエンティティのKeyIDを指定する
- コードの**<ParentID>**はクラウドコンソールから任意のExampleエンティティのKeyIDを指定する

```
@app.route('/')
def home():
    # res = insert()
    # res = get_all()
    # key_id = <KeyID>     # 取得対象のKeyIDに置き換えてください。
    # res = get(key_id)
    # res = update(key_id)
    # res = delete(key_id)

    parent_id = <ParentID>  # 取得対象のParentIDに置き換えてください。
    res = add_child(parent_id)
```

```
    return res
```

main.pyは**リスト9.2**のようになります。

■ **リスト9.2** main.py（修正）

```
(……中略……)

@app.route('/')
def home():
    # res = insert()
    # res = get_all()
    # key_id = <KeyID>               # KeyIDを指定する
    # res = get_by_id(key_id)
    # res = update(key_id)
    # res = delete(key_id)

    parent_id = <ParentID>           # ParentIDを指定する
    res = add_child(parent_id)

    return res


def insert():
    (……中略……)

def get_all():
    (……中略……)


def get_by_id(key_id):
    (……中略……)


def update(key_id):
    (……中略……)


def delete(key_id):
    (……中略……)


def add_child(parent_id):
    # データストアのクライアントオブジェクトを取得
    client = datastore.Client()
```

```
    # ParentIDを指定して親キーを生成する
    parent_key = client.key('Example', parent_id)

    # 親キーを使って子キーを生成する
    key = client.key('ExampleChild', parent=parent_key)

    # Entityを作成し、プロパティを設定する
    entity = datastore.Entity(key=key)
    entity['author'] = 'Child Igarashi'

    # データストアに保存する
    client.put(entity)

    # entityにidプロパティを追加する
    entity['id'] = entity.key.id

    return entity

if __name__ == '__main__':
    app.run(host='127.0.0.1', port=8080, debug=True)
```

9.2.2.5 動作確認

アプリをデプロイして動作確認をします。ブラウザからURLにhttps://<EXAMPLE_PROJECT_ID>.appspot.comにアクセスし、**図9.4**のような画面が表示されることを確認します。

図9.4 動作確認

appspot.com
{"example_children":[{"author":"Child Igarashi","id":5630742793027584}]}

クラウドコンソールからDatastoreの画面を表示し、ExamplChildにエンティティが追加されていることを確認します。登録されたExamplChildの詳細画面を表示して、親エンティティがプログラムで指定したエンティティと一致していることを確認します（**図9.5**）。

図9.5 クラウドコンソールのDatastoreの画面からエンティティの一致を確認

9.3 [実習] エンティティグループの作成

GuestBookアプリにcomment APIを追加します。comment APIは、クライアントからPOSTメソッドで送信されたデータをDatastoreに保存します。リクエストボディのデータからエンティティを作成し、Commentカインドに保存します（**図9.6**）。Commentカインドに保存されるエンティティの情報は**表9.3**のとおりです。

● **表9.3** Comment Entity

キー／プロパティ	型	内容
ID	long	KeyID
messag	String	メッセージ
date	DateTime	作成日時

図9.6 実習アプリの完成形

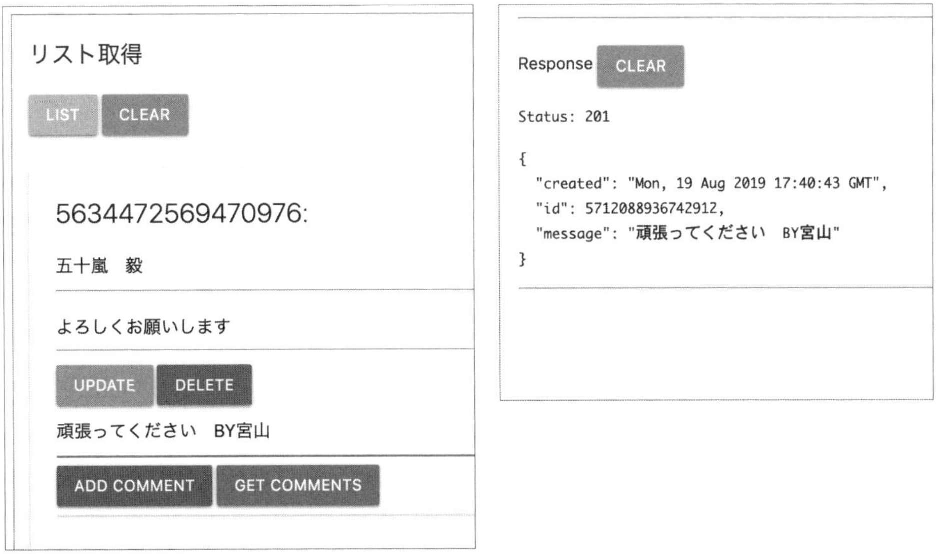

9.3.1 comment APIの作成

Greetingの子エンティティを作成する**comment API**を作成します。commentAPIは"/api/comments"にPOSTメソッドを使って送られてきたときに、リクエストボディからデータを取り出してDatastoreにCommentエンティティを保存します。その際にエンティティ間で親子関係を作成します。レスポンスデータとして、CommentエンティティにIDを付与してJSONで返します。APIの詳細は次のようになります。

Request

```
POST https://EXAMPLE_PROJECT_ID.appspot.com/api/comments/
```

リクエストボディに必要なパラメータを含めます（**表9.4**）。

●**表9.4** Request body

プロパティ名	required	型	詳細
parent_id	○	Long	親となるExampleエンティティのKeyID
message	○	String	名前

Response

→ステータスコード201

→データの作成に成功した場合はCommentリソースを返します（**表9.5**）

●**表9.5** Response body

プロパティ名	型	詳細
ID	Long	KeyID
message	String	名前
created	String	作成日時

サンプル

リクエストとレスポンスをそれぞれ**リスト9.3**、**リスト9.4**に示します。その動作は**図9.7**に示します。

■**リスト9.3** リクエスト

```
{
  "message": "Hello Miyayama!",
  "parent_id": 5717023518621696
}
```

■**リスト9.4** レスポンス

```
{
  "message": "Hello Miyayama!",
  "created": "Mon, 24 Jun 2019 20:14:43 GMT"
  "id": 5717023518623896
}
```

図9.7 動作確認

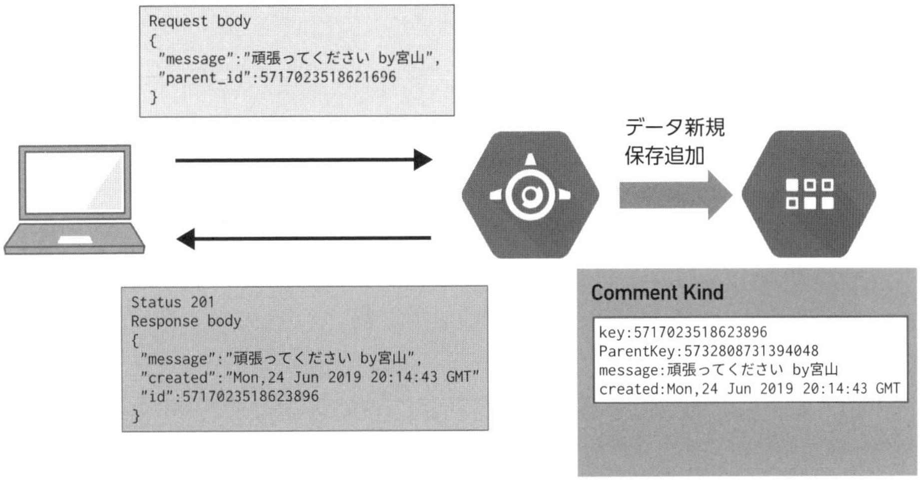
Request body
{
"message":"頑張ってください by宮山",
"parent_id":5717023518621696
}
データ新規
保存追加
Status 201
Response body
{
"message":"頑張ってください by宮山",
"created":"Mon,24 Jun 2019 20:14:43 GMT"
"id":5717023518623896
}
Comment Kind
key:5717023518623896
ParentKey:5732808731394048
message:頑張ってください by宮山
created:Mon,24 Jun 2019 20:14:43 GMT

9.3.2 実習の手順

実習の手順は次のようになります。

①インポートモジュールの確認
②エンティティグループを作成する
③レスポンスデータを返す

9.3.2.1 開発環境の確認

次のコマンドを実行してGuestBookアプリの開発環境にします。

```
$ cd $HOME/gae-study/guestbook
$ source env/bin/activate
$ gcloud config set project <GUESTBOOK_PROJECT_ID>
```

9.3.2.2 [手順①] インポートモジュールの確認

インポート文に変更はありません。

9.3.2.3 [手順②] エンティティグループを作成する

ds.pyにDatastoreからCommentを保存するためのする関数**insert_comment**を作成します。insert_comment関数に次の処理を追加します。

- 関数の引数にparent_idとmessageを指定する
- 関数の冒頭でDatastoreを操作するためのデータストアクライアントオブジェクトを生成する
- parent_idを使って親キーを作成します。parent_idはフォームから送られてくるのでint()でint型にキャストする
- 作成した親キーを使ってCommentエンティティを作成し、変数entityにセットする
- エンティティにプロパティをセットする
- エンティティをDatastoreに保存する
- エンティティにidプロパティを追加する
- エンティティを返す

```
def insert_comment(parent_id, message):
    client = datastore.Client()
    parent_key = client.key('Greeting', int(parent_id))
    key = client.key('Comment', parent=parent_key)
    entity = datastore.Entity(key=key)
    entity['message'] = message
    entity["created"] = datetime.now()
    client.put(entity)
    entity['id'] = entity.key.id

    return entity
```

9.3.2.4 [手順③] レスポンスデータを返す

次にmain.pyは次の処理を追加します。

- /api/commentsを処理するビュー関数commentsを作成する
- POSTリクエストのときはdsモジュールのinsert_comment関数を実行する
- クエリパラメータからparent_idとmessageを取得し、insert_commen関数の引数に指定する
- 戻り値のentityを受け取りJSON形式にしてクライアントに返す
- レスポンスのステータスコードを201に設定する
- GETリクエストのときは仮に空文字とステータスコード200を返す

```
@app.route('/api/comments', methods=['GET', 'POST'])
def comments():
    if request.method == 'GET':
        return '', 200
    elif request.method == 'POST':
        parent_id = request.json['parent_id']
```

```
        message = request.json['message']
        entity = ds.insert(parent_id, message)
        return entity, 201
```

9.3.3 動作確認

アプリをデプロイして次のことを確認します。動作確認は、第6章で追加したindex.htmlを使って、/api/commentsに対してPOSTリクエストを送ります。

確認手順は次のとおりです。

- https://<GUESTBOOK_PROJECT_ID>.appspot.comを開く
- [LIST] ボタンをクリックして一覧を取得する
- コメントを入力し [ADD COMMENT] ボタンをクリックする

確認項目は次のようになります(**図9.8**)。

- [Comment] ボタンをクリックするとJSONが返ってくること
- ステータスコード201が返ってくること
- クラウドコンソールの [Datastore] を開きCommentエンティティが追加されていること

図9.8 動作確認

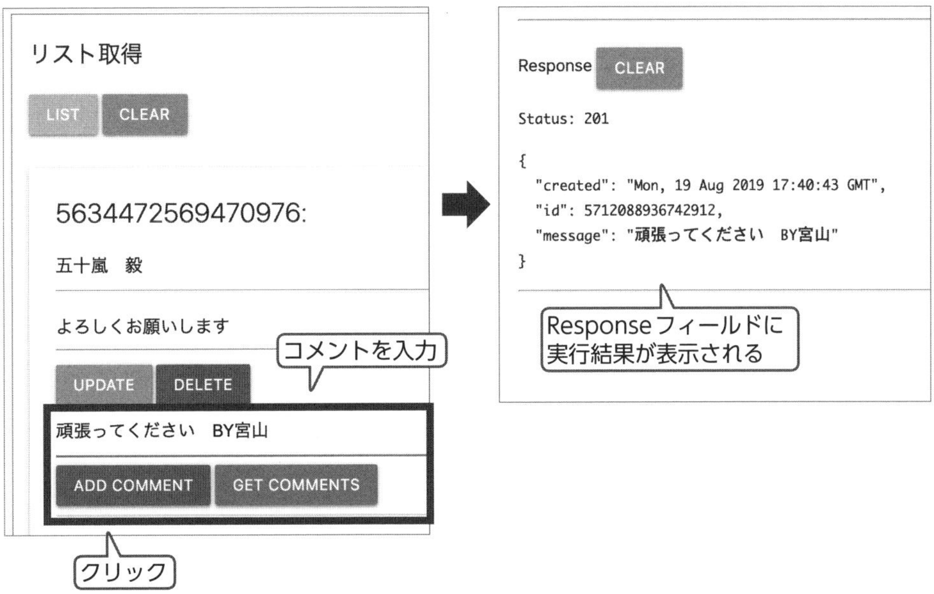

9.3.3.1 クラウドシェルで確認

クラウドシェルで確認する場合は次のコマンドを実行します。<ParendID>は任意のIDに変更します。

```
$ GUESTBOOK_URL=https://<GUESTBOOK_PROJECT_ID>.appspot.com
$ curl $GUESTBOOK_URL/api/comments -X POST -H "Content-Type: application/json" \
  -d '{"parent_id": <ParendID>, "message": "Good luck! by Miyayama!"}'
----出力例----
{
    "created": "Mon, 26 Aug 2019 15:13:08 GMT",
    "id": <ParendID>,
    "message": "Good luck! by Miyayama!"
}
```

9.4 エンティティグループを取得する

エンティティグループを取得する方法について説明します。Datastoreには、「**アンセスタークエリ**」というものが用意されています。このクエリを使うことで、親子関係になっている一連のエンティティをまとめて取得できます。

9.4.1 エンティティグループの取得方法

アンセスタークエリを使ってエンティティグループを取得するコードを示します。次のコードはExampleカインドの親エンティティに対して、ExampleChildカインドの中でその子エンティティとなるものをまとめて取得しています。

```
# データストアのクライアントオブジェクトを取得
client = datastore.Client()

# ParentIDを指定して親キーを生成する
ancestor = client.key('Example', <ParentID>)

# 親キーを使ってアンセスタークエリを実行する
query = client.query(kind='ExampleChild', ancestor=ancestor)
entities = list(query.fetch())
```

エンティティグループの作成と同じように、親キーを作成します。

```
ancestor = client.key('Example', parent_id)
```

作成した親キーを使ってclient.query()を実行します。query()メソッドのの引数にancestorオプションを使って、親キーを指定すると、親子関係のエンティティグループを取得するためのクエリオブジェクトが返されます。このクエリのことをアンセスタークエリと呼びます。

```
query = client.query(kind='ExampleChild', ancestor=ancestor)
```

クエリオブジェクトからfetch()メソッドを実行してエンティティグループを取得し、Listに変換しています。

9.4.2 エンティティグループの取得練習

Exampleアプリを使ってエンティティグループ取得の練習をします。手順は次のとおりです。

①インポートモジュールの確認
②エンティティグループを取得する
③レスポンスデータを返す

9.4.2.1 開発環境の確認

次のコマンドを実行してExampleアプリの開発環境にします。

```
$ cd $HOME/gae-study/example
$ source env/bin/activate
$ gcloud config set project <EXAMPLE_PROJECT_ID>
```

9.4.2.2 [手順①] インポートモジュールの確認

インポート文に変更はありません。

9.4.2.3 [手順②] エンティティグループを取得する

main.pyにget_children関数を追加します。get_children関数では、エンティティグループを取得するため次の処理を追加します。

- 関数の引数にparent_idを指定する
- メソッドの冒頭にはDatastoreを操作するためのデータストアクライアントオブジェクトを生成する
- 引数で受け取ったparent_idを使って親キーを作成する
- 作成した親キーを使ってクエリを実行する
- エンティティグループを取得し、変数entitiesに格納する
- 1件ずつ回して、各エンティティにidプロパティを追加する
- JSON形式にしてentityのリストを返す

```
def get_children(parent_id):
    # データストアのクライアントオブジェクトを取得
    client = datastore.Client()

    # ParentIDを指定して親キーを生成する
    ancestor = client.key('Example', parent_id)

    # 親キーを使ってアンセスタークエリを実行する
    query = client.query(kind='ExampleChild', ancestor=ancestor)
    entities = list(query.fetch())

    # すべてのエンティティにidプロパティを追加する
    for entity in entities:
        entity['id'] = entity.key.id

    res = {
        'example_children': entities
    }
    return res
```

9.4.2.4 ［手順③］レスポンスを返す

home関数を次のように変更します。

- エンティティグループを取得する関数get_childrenを呼び出す。引数には親となるEnxamplエンティティのKeyIDを指定する
- コードの<ParentID>はクラウドコンソールから任意のExampleエンティティのKeyIDを指定する

```
@app.route('/')
def home():
    # res = insert()
    # res = get_all()
    key_id = <KeyID>                # KeyIDを指定する
```

```
    # res = get(key_id)
    # res = update(key_id)
    # res = delete(key_id)

    parent_id = <ParentID>              # ParentIDを指定する
    # res = add_child(parent_id)
    res = get_children(parent_id)
    return res
```

main.pyの内容は**リスト9.5**のようになります。

■**リスト9.5** main.py

```
@app.route('/')
def home():
    # res = insert()
    # res = get_all()
    # key_id = <KeyID>              # KeyIDを指定する
    # res = get_by_id(key_id)
    # res = update(key_id)
    # res = delete(key_id)

    parent_id = <ParentID>          # ParentIDを指定する
    # res = add_child(parent_id)
    res = get_children(parent_id)

    return res


def insert():
    (……中略……)

def get_all():
    (……中略……)


def get_by_id(key_id):
    (……中略……)


def update(key_id):
    (……中略……)


def delete(key_id):
    (……中略……)
```

```
def add_child(parent_id):
    (……中略……)


def get_children(parent_id):
    # データストアのクライアントオブジェクトを取得
    client = datastore.Client()

    # ParentIDを指定して親キーを生成する
    ancestor = client.key('Example', parent_id)

    # 親キーを使ってアンセスタークエリを実行する
    query = client.query(kind='ExampleChild', ancestor=ancestor)
    entities = list(query.fetch())

    # すべてのエンティティにidプロパティを追加する
    for entity in entities:
        entity['id'] = entity.key.id

    res = {
        'example_children': entities
    }
    return res


if __name__ == '__main__':
    app.run(host='127.0.0.1', port=8080, debug=True)
```

9.4.2.5 動作確認

アプリをデプロイして動作確認をします。ブラウザからURLにhttps://<EXAMPLE_PROJECT_ID>.appspot.comにアクセスし、**図9.9**のような画面が表示されることを確認します。

図9.9 動作確認

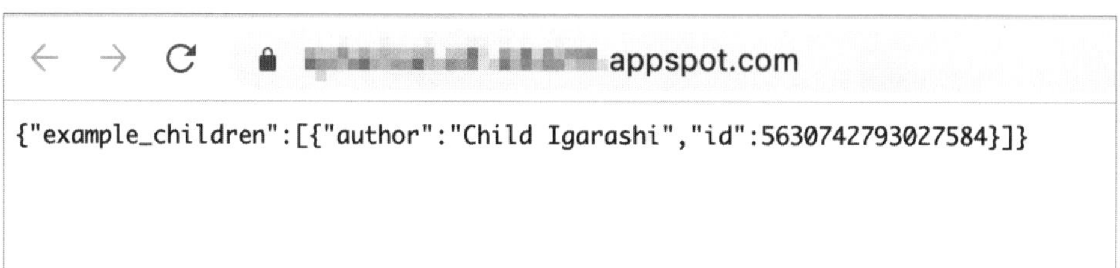

appspot.com
{"example_children":[{"author":"Child Igarashi","id":5630742793027584}]}

9.5 [実習] エンティティグループを取得する

GuestBookアプリに**listComment API**を追加して、返信メッセージ一覧を取得できるようにします。**listComment API**は、クライアントからGETメソッドで送られてきたパラメータを使って、対象のGreetingの子エンティティになっているCommentを取得します（**図9.10**）。

図9.10 [実習] アプリの動作

9.5.1 listCommentAPIの作成

Greetingの子エンティティを取得する**listComment API**を作成します。listComment APIは"/api/comments"にGETメソッドを使って送られてきたときに、クエリパラメータでParentIDを指定し、Greetingエンティティと親子関係になっているCommentエンティティのリストを返します。レスポンスデータとして、CommentエンティティにIDを付与してJSONで返します。APIの詳細は次のようになります。

Request

```
GET https://<GUESTBOOK_PROJECT_ID>.appspot.com/api/comments?parent_id=<ParentID>
```

クエリパラメータでParentIDを指定します（**表9.6**）。

●**表9.6** Request Parametor

プロパティ名	required	型	詳細
ParentID	○	Long	親となるGreetingエンティティ のKeyID

Response

→ステータスコード200

→データの作成しに成功した場合はCommentリソースを返します（**表9.7**）

●**表9.7** Response body

プロパティ名	型	詳細
comments	Array	Commentのリスト

サンプル

サンプルのRequestは次のようになります。Responseは**リスト9.6**です。動作は、**図9.11**で示します。

```
https://<GUESTBOOK_PROJECT_ID>.appspot.com/api/comments?parente_id=5717023518621696
```

■**リスト9.6** Response

```
{
  "comments": [
    {
      "created": "Fri, 16 Aug 2019 00:53:53 GMT",
```

```
    "id": 5732808731394048,
    "message": "頑張ってくださいby宮山"
  }
 ]
}
```

図9.11 サンプルの動作

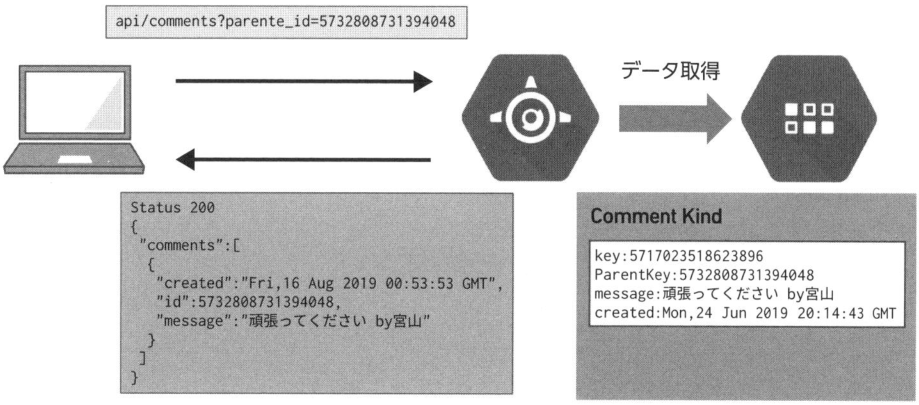
api/comments?parente_id=5732808731394048
データ取得
Status 200
{
 "comments":[
  {
   "created":"Fri,16 Aug 2019 00:53:53 GMT",
   "id":5732808731394048,
   "message":"頑張ってください by宮山"
  }
 ]
}
Comment Kind
key:5717023518623896
ParentKey:5732808731394048
message:頑張ってください by宮山
created:Mon,24 Jun 2019 20:14:43 GMT

9.5.2 実習の手順

実習の手順は次のようになります。

①インポートモジュールの確認
②エンティティグループを作成する
③レスポンスデータを返す

9.5.2.1 開発環境の確認

次のコマンドを実行してGuestBookアプリの開発環境にします。

```
$ cd $HOME/gae-study/guestbook
$ source env/bin/activate
$ gcloud config set project <GUESTBOOK_PROJECT_ID>
```

9.5.2.2 [手順①] インポートモジュールの確認

インポート文に変更はありません。

9.5.2.3 [手順②] エンティティグループを作成する

ds.pyにDatastoreからCommentを取得するためのする関数get_commentsを作成するために次の処理を追加します。

- 関数の引数にparent_idを指定する
- メソッドの冒頭でDatastoreを操作するためのデータストアクライアントオブジェクトを生成する
- parent_idを引数で受け取る
- parent_idを使って親キーを作成する。ここでもint型にキャストする
- 作成した親キーを使ってクエリを実行し、エンティティグループを取得する
- idを追加した、エンティティのListを返す

```
def get_comments(parent_id):
    # データストアのクライアントオブジェクトを取得
    client = datastore.Client()

    # ParentIDを指定して親キーを生成する
    ancestor = client.key('Greeting', int(parent_id))

    # 親キーを使ってアンセスタークエリを実行する
    query = client.query(kind='Comment', ancestor=ancestor)
    entities = list(query.fetch())

    # すべてのエンティティにidプロパティを追加する
    for entity in entities:
        entity['id'] = entity.key.id

    return entities
```

9.5.2.4 [手順③] レスポンスデータを返す

次にmain.pyの修正では、次の処理を追加します。

- GETリクエストの時はdsモジュールのget_comments関数を実行する
- クエリパラメータからparent_idを取得し、get_commens関数の引数に指定する
- 戻り値のentitiesを受け取りJSON形式にしてクライアントに返す
- レスポンスのステータスコードを200に設定する

```
@app.route('/api/comments', methods=['GET', 'POST'])
def comments():
    if request.method == 'GET':
        parent_id = request.json['parent_id']
```

```
        entities = ds.get_comments(parent_id)
        res = {
            'comments': entities
        }

        return res, 200

    elif request.method == 'POST':
        (……中略……)
```

9.5.3 動作確認

アプリをデプロイして次のことを確認します。確認手順は次のようになります。

①https://<GUESTBOOK_PROJECT_ID>.appspot.com を開く
②［LIST］ボタンをクリックして一覧を取得する
③いずれかのGreetingデータの［GET COMMENTS］ボタンをクリックする

確認項目は次のようになります。

- 「GET COMMENTS」ボタンをクリックするとJSONが返ってくること（**図9.12**）
- Greetingデータにコメント一覧が追加されること
- クラウドコンソールの［Datastore］を開きCommentエンティティが返ってきたデータと一致していること（**図9.13**）

図9.12 実習の確認（その1）

リスト取得
LIST
CLEAR
5634472569470976:
五十嵐 毅
よろしくお願いします
UPDATE
DELETE
頑張ってください BY宮山
ADD COMMENT
GET COMMENTS
リスト取得
LIST
CLEAR
5634472569470976:
五十嵐 毅
よろしくお願いします
UPDATE
DELETE
コメント
ADD COMMENT
GET COMMENTS
頑張ってください BY宮山
Response
CLEAR
Status: 200
{
"comments": [
{
"created": "Mon, 19 Aug 2019 17:40:43 GMT",
"id": 5712088936742912,
"message": "頑張ってください BY宮山"
}
]
}

図9.13 実習の確認（その2）

Google Cloud Platform
gae-study-guestbook-123456
Datastore
エンティティ
エンティティを作成
削除
エンティティ
ダッシュボード
インデックス
管理
種類別のクエリ
GQL によるクエリ
種類
Comment
エンティティをフィルタ
名前 / ID
親
created
message
id=5712088936742912
Key(Greeting, 5634472569470976)
2019-08-20 (02:40:43.113) JST
頑張ってください BY宮山

9.5.3.1 クラウドシェルで確認

クラウドシェルで確認する場合は次のコマンドを実行します。<ParendID>は任意のIDに変更します。

```
$ GUESTBOOK_URL=https://<GUESTBOOK_PROJECT_ID>.appspot.com
$ curl $GUESTBOOK_URL/api/comments?parent_id=5634472569470976 | python -m json.
tool
----出力例----
{
    "comments":[
        {
            "created": "Mon, 19 Aug 2019 17:40:43 GMT",
            "id": 5712088936742912,
            "message": "\u9811\u5f35\u3063\u3066\u304f\u3060\u3055\u3044\u3000BY\
u5bae\u5c71"
        }
    ]
}
```

第10章

Google Cloud Storage を使う

第10章 Google Cloud Storageを使う

10.1 Google Cloud Storageとは

何かしらのシステムでサービスを提供していると、データがストレージに蓄積されていきます。GCPの代表的なストレージサービスに、Google Cloud Storage（GCS）があります。GCSは、主にバイナリファイルの保存場所として使われます。Webアプリであれば、クライアントからアップロードしたファイルを保存するほか、バックアップファイルの保存、あるいは、アプリが使用する画像や動画などを保存するためにも利用できます。GCSは耐久性と可用性の高いオブジェクトストレージですので、このようなデータの保存場所として最適なサービスです。

10.1.1 GCSのコンポーネント

GCSのすべてのリソースはプロジェクトに属しており、GCSを使用する際はプロジェクトにバケットを作成します。その後、バケットにファイルをアップロードします。それらのファイルは**オブジェクト**と呼ばれます。

10.1.1.1 バケット

バケットはオブジェクトの入れ物で、バケットの直下にオブジェクト（ファイル）を配置します。バケットとオブジェクトはGCS特有の要素で、バケットはプロジェクトに紐づいています。バケットは必ずプロジェクトの直下に存在し、バケットの中にバケットを作成できません。バケットの名前は、DNSの命名規則に従わねばならず、しかもユニークである必要があります。ほかにもバケットの名前に「google」が含まれているものや、「goog」で始まるものは作成できないなどの制限があります。バケットの名前は全世界でユニークな必要があり、既存のバケットと同じ名前を使用することはできません。

10.1.1.2 オブジェクト

バケットの中に入れるのが、「オブジェクト」で実際のファイルです。オブジェクトはイミュータブルなので、同じ名前のファイルをバケットにアップロードしたときは、上書きされます。オブジェクトの名前はバケット内でユニークである必要があります。オブジェクトはバケットの直下にフラットに配置され、ファイルシステムのようなフォルダという概念がありません。ただし、名前に"/"を入れることで、見た目の上ではフォルダのように扱うことができます。そのため、GCSのAPIにフォルダを作成するもしくはフォルダ内のオブジェクトを取得するといったAPIは存在しません。コンソール画面に［フォルダ作成］のボタンがありますが、実際にフォルダが作成されるわけではありません。普通に使用していて、フォルダの有無を気にするようなことはありません。

10.1.2 ストレージクラス

バケットを作成するときに、Multi-Regional Storage、Regional Storage、Nearline Storage、Coldline Storageなど、いくつかの種類を選択でき、目的に応じて使い分けます。

GCSは入出力などのオペレーション（操作）に対して発生する料金と、データストレージとしての保存にかかる料金があります。頻繁にアクセスするデータを保存するときは、Multi-Regional、Regionalを選択します。これらのクラスは他のクラスに比べて、オペレーション料金は安いのですが、ストレージ料金が高くなっています。高額といってもアジアリージョンで1GBあたりの月額料金が＄0.026と安価な設定です。

Nearline、Coldlineなどのクラスは主にバックアップ用途で使用します。そのためストレージ料金はMulti-Regional、Regionalに比べて安価ですが、オペレーション料金が高くなっています。最もストレージ料金の安いColdlineはアジアリージョンで1GBあたりの月の料金が＄0.009で、Multi-Regional、Regionalの約1/3の料金です。また、米国リージョンのRegional Storageであれば5GBまでは無料で使えるので、学習用途に最適です。料金設定はよく変更されるため、最新の料金情報は公式サイトを参照してください（https://cloud.google.com/storage/pricing）。

10.1.3 アクセス制御

GCSのバケットやオブジェクトに対してアクセス制御を設定できます。またアクセス制御をかけず公開設定にすることもできます。APIを使ってGCSを操作しますが、

APIを利用する場合は、認証が必要になります。パブリックなものに関しては認証は不要ですが、それ以外ではOAuth2の認証が必要になります。

10.1.3.1 GCSのIAMの役割

どのバケットを読み込めるか、ファイルをアップロードできるのか、または削除できるかなど、どのバケットにどのような操作ができるかは、IAMの「役割」で制御できます。

役割はプロジェクト全体または特定のバケットに適用でき、アカウントが持つ役割によって、GCSのバケット、オブジェクトに対して利用可能な操作が異なってきます。

たとえば"プロジェクト編集者"の役割を持っているユーザーは、すべてのバケットとオブジェクトに対して作成、削除、閲覧ができます。プロジェクトに関する役割はコンソール画面のIAMから設定できます（**図10.1**）。

図10.1 GCSのIAMの役割

その他にも、"ストレージのオブジェクトの作成者"や"ストレージのオブジェクトの閲覧者"のようなGCSのすべてのオブジェクトに対するアクセス権を有した役割もあります。

10.1.4 アクセス制御リスト

すべてのバケットやオブジェクトでは範囲が広すぎるので、GCSではIAM以外にも、バケットやオブジェクト単位でアクセス権限を設定できます。たとえば、ダウンロードやアップロード専用のバケットを用意して、GAEアプリやGCEからのアクセスは許可するといった使い方ができます。バケットやオブジェクトへのアクセス権限は**アクセス制御リスト（ACL：Access Control List）**を使って個別に適用できます。

GCSから直接ダウンロードする場合は、GCSのACLにGoogleアカウントを追加すれば、そのアカウントでログインしていればブラウザからダウンロードできます。

ACLを使って特定のユーザーやグループに対するアクセス権が設定できます。また、サービスアカウントを使うことで、GAEのWebアプリからのダウンロードやアップロードが可能になります。

10.2 実践GCS

Exampleプロジェクトを例にGCSを解説します。GCSを操作する手段は、REST API、コマンドラインツール、クラウドコンソールなどの方法が提供されています。最も簡単なのはクラウドコンソールですが、コンソールのメニューはよく変更されるため、ここではgsutilというコマンドラインツールを使ったGCSの操作方法で説明します。

10.2.1 GCSの練習

バケットを作成して、ファイルをアップロードします。アップロードしたファイルは誰からもアクセスできるように一般公開します。

①バケットを作成する
②ファイルをアップロードする
③バケット内のファイルを一般公開する

10.2.1.1 ［手順①］バケットを作成する

まずはクラウドコンソールからバケットを確認します。クラウドコンソールを開いて、［Navigation menu］→［Storage］→［ブラウザ］を選択します。デフォルトでいくつかのバケットが作成されていることが確認できます（**図10.2**）。

図10.2 クラウドコンソール

次に、コマンドラインでも確認します。次のコマンドでGCSにバケットを作成します。GCSを操作するにはgsutilというコマンドラインツールを使います。これは、Cloud SDKをインストールすると一緒にインストールされるもので、クラウドシェルではデフォルトでインストールされています。はじめにgsutil lsコマンドでバケット一覧を取得します。

```
$ gsutil ls
gs://asia.artifacts.<EXAMPLE_PROJECT_ID>.appspot.com/
gs://<EXAMPLE_PROJECT_ID>.appspot.com/
gs://staging.<EXAMPLE_PROJECT_ID>.appspot.com/
```

一覧がGuestBookプロジェクトだった場合は、次のコマンドで設定をExampleプロジェクトに変更します。

```
$ gcloud config set project <EXAMPLE_PROJECT_ID>
```

作成するバケットの設定情報は次のとおりです。

ストレージクラス：Regional
ロケーション：asia-northeast1（GAEと同じロケーションを指定する）→GAEのロケーションはGAEのダッシュボード（**図10.3**）から確認できる
バケット名：プロジェクトIDと同じ名前を使用

図10.3 GAEのロケーション確認

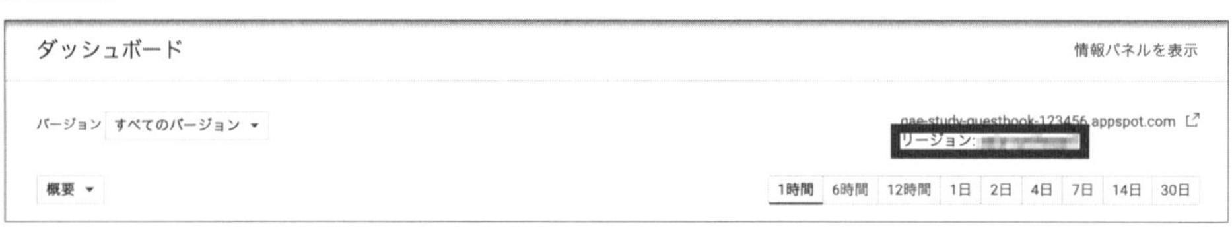

バケットはgsutil mb gs://<バケット名>で作成します。オプションに"-c"と"-l"を使ってストレージクラスとリージョンを指定できます。

```
$ gsutil mb -c regional -l <リージョン> gs://<バケット名>
```

Exampleプロジェクトにバケットを作成します。

```
$ gsutil mb -c regional -l asia-northeast1 gs://<EXAMPLE_PROJECT_ID>
Creating gs://<EXAMPLE_PROJECT_ID>/...
```

次のコマンドを入力して、バケットが作成されていることを確認します。

```
$ gsutil ls
gs://<EXAMPLE_PROJECT_ID>/
gs://asia.artifacts.<EXAMPLE_PROJECT_ID>.appspot.com/
gs://<EXAMPLE_PROJECT_ID>.appspot.com/
gs://staging.<EXAMPLE_PROJECT_ID>.appspot.com/
```

次に、**図10.4**のクラウドコンソールからも確認してみましょう。

図10.4 クラウドコンソール

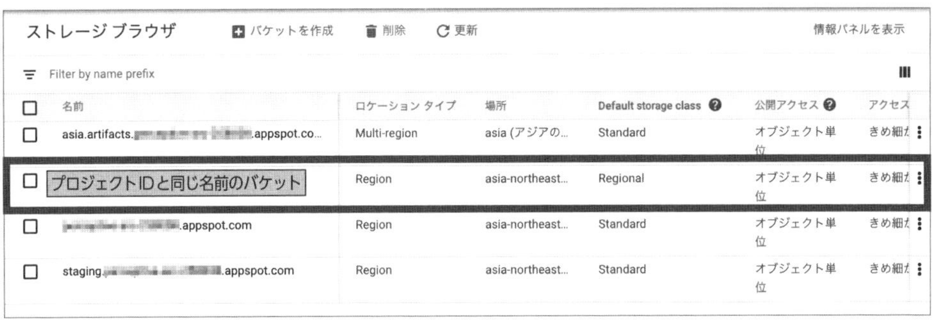

10.2.1.2 [手順②] ファイルをアップロードする

次にファイルをアップロードします。コードエディターのgae-studyフォルダを右クリックして [Upload File...] をクリックし、任意の画像ファイルをクラウドシェルのVM環境にアップロードします (**図10.5**)。

図10.5 ファイルのアップロード

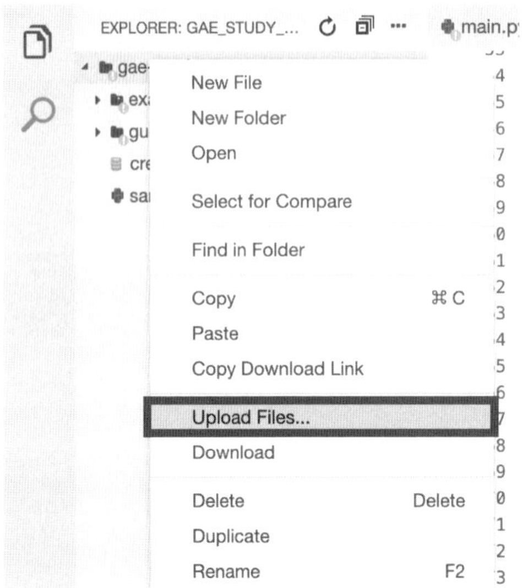

gae-studyに移動して、このファイルをGCSのバケットにアップロードします。これは`gsutil cp`コマンドのあとに<ファイル名>とgs://<バケット名>/<オブジェクト名>でGCSのアップロード先を指定します。

```
$ gsutil cp <ファイル名> gs://<バケット名>/<オブジェクト名>
```

このコマンドを実行すると次のようになります。

```
$ cd $HOME/gae-study
$ gsutil cp gcs.png gs://<EXAMPLE_PROJECT_ID>/gcs.png
Copying file://gcs.png [Content-Type=application/octet-stream]...
/ [1 files][    0.0 B/    0.0 B]
Operation completed over 1 objects.
```

次のコマンドを実行して、ファイルがアップロードされていることを確認します。

```
$ gsutil ls gs://<EXAMPLE_PROJECT_ID>
gs://<EXAMPLE_PROJECT_ID>/gcs.png
```

クラウドコンソールからも確認します。クラウドコンソールのGCSブラウザの画面より、先ほど作成したバケットをクリックすると、バケット内のオブジェクトが一覧表示されます。

図10.6 クラウドコンソールからのファイルの確認

10.2.1.3 [手順③] バケット内のファイルを一般公開する

次の手順でバケット内のファイルを一般公開します。

①バケット一覧ページを表示し、画面右上の［情報パネルを表示］をクリックする（**図10.7**）

②バケットにチェックを入れて、情報パネルの［メンバーを追加］ボタンをクリックする、次の設定で保存する（**図10.6**）

- 新しいメンバー「allUsers」を指定
- 役割「ストレージオブジェクト閲覧者」

図10.7 バケットの一覧から［情報パネルを表示］

図10.8 メンバーの追加

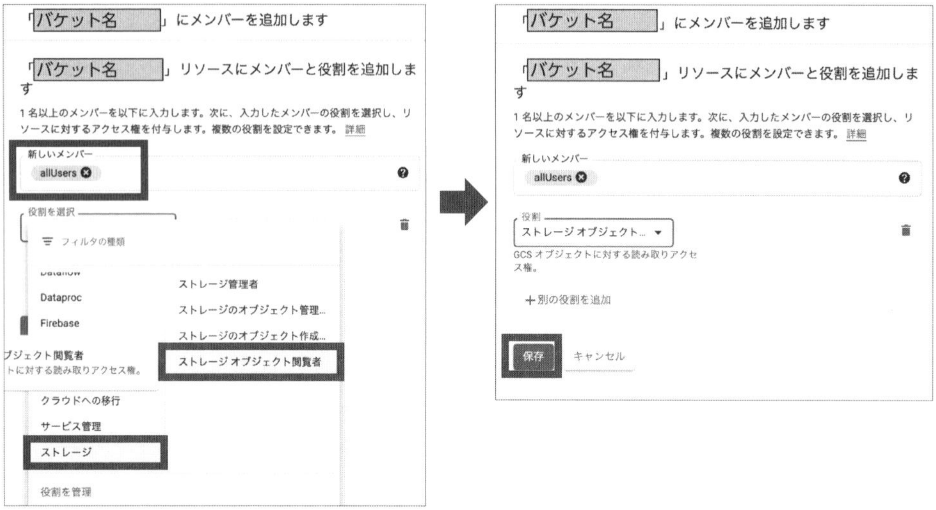

一覧画面に戻り、公開アクセスが**公開**になっていることを確認します（**図10.9**）

図10.9 公開を確認

バケットをクリックしてバケット内のオブジェクト一覧を表示し、オブジェクトも公開 になっていることを確認します

図10.10 公開を確認

10.2.2 動作確認

クラウドコンソールの公開アクセスのアイコンをクリックして、画像が表示されることを確認します。

図10.11 画像の表示を確認

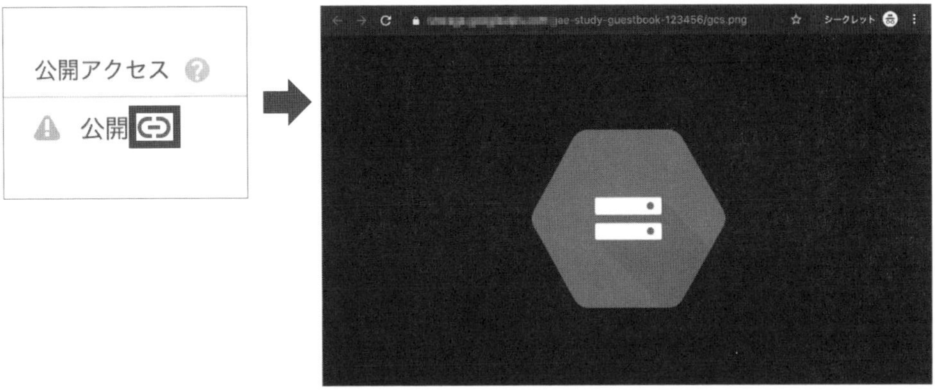

10.3 GAEからGCSを操作する

GCS内のデータは、ほかのサービスからアクセスすることができ、GAEやGCEからGCS上のデータを取得・保存することができます。GCSへのアクセスは基本的にAPIを使用します。コマンドラインツールやコンソール画面からの操作でも、裏側ではAPIが呼び出されています。GAEのアプリプログラムから操作するにはGoogle Cloud Client Libraryを使用します。これは複雑なAPIの呼び出しを代わりに行います。このライブラリを使用すればファイルのアップロード、ダウンロード、削除、リスト取得などの操作を簡単に行うことができます。

10.3.1 GCSを操作するための準備

それでは、実際にGCSを操作します。最初に、Google Client Libraryのインストールを行います。

10.3.1.1 [準備] Google Cloudクライアントライブラリのインストール

GCSを操作するためのGoogle Cloud Client Libraryをインストールします。GCS用のライブラリはgoogle-cloud-storageという名称ですが、このライブラリを使うにはgoogle-cloud-coreというライブラリも一緒にインストールする必要があります。requirements.txtを次のように修正します

```
Flask==1.1.1
google-cloud-datastore==1.7.3
google-cloud-core==1.0.2          # 追加
google-cloud-storage==1.16.1      # 追加
```

Google Cloud Client Libraryのインストールをします。

```
pip install -r requirements.txt
```

これで準備は完了です。

10.4 GCSにファイルをアップロードする

クライアントからPOSTされたファイルをGCSに保存する手順をExampleアプリを使って説明します。ExampleアプリではGCPプロジェクトIDと同じ名前のバケットを作成して、そこにアップロードされたファイルを保存します。

10.4.1 アップロードの方法

では、データをGCSにファイルを保存するコードを示します。次のコードは、先ほどの実習で作成したバケットにファイルをアップロードしています。

```
from google.cloud import storage

# フォームからポストされたファイルを取得する
uploaded_file = request.files['file']

# Cloud Strage Clientオブジェクトの作成
```

```
client = storage.Client()

# バケットを取得する
bucket = client.get_bucket('<バケット名>')

# バケット内に作成するオブジェクトの名前をファイル名と同じにする
blob = bucket.blob(uploaded_file.filename)

# バケットにアップロードする
blob.upload_from_file(uploaded_file)
```

はじめにGoogle Cloud Client Libraryをインポートしています。

```
from google.cloud import storage
```

GCSにアップロードするファイルを取得します。ここでは、フォームから送られてきたファイルをリクエストパラメータから取得しています。

```
# フォームからポストされたファイルを取得する
uploaded_file = request.files['file']
```

次にstorage.Client()でストレージクライアントオブジェクトを取得します。GCSに何かをしたいときは、このストレージクライアントオブジェクトを使って操作します。ストレージクライアントオブジェクトはプログラムの命令に従って裏側でGCSのAPIを叩いてくれます。そのため、プログラムからはストレージクライアントオブジェクトを使ってGCSにファイルのアップロード、ダウンロード、削除などの処理をします。

```
client = storage.Client()
```

ストレージクライアントオブジェクトを使ってバケットを取得します。client.get_bucket()の引数にバケットの名前を指定します。

```
# バケットを取得する
bucket = client.get_bucket('<バケット名>')
```

次に、バケットに保存するブロブオブジェクトを用意します。bucket.blob()の引数に保存したいオブジェクトの名前を指定します。

```
# バケット内に作成するオブジェクトの名前をファイル名と同じにする
blob = bucket.blob(uploaded_file.filename)
```

最後にバケットにアップロードします。blob.upload_from_file()の引数にファイルを指定します。

```
# バケットにアップロードする
blob.upload_from_file(uploaded_file)
```

これでGCSのファイルのアップロード操作が完了します。

10.4.2 GCSにファイルをアップロードする練習

ExampleアプリにGCSアップロード機能を実装し、GCS連携の練習をします。手順は次のとおりです。

①インポートモジュールの確認
②アップロード画面の作成
③GCSにアップロードする

10.4.2.1 開発環境の確認

次のコマンドを実行してExampleアプリの開発環境にします。

```
$ cd $HOME/gae-study/example
$ source env/bin/activate
$ gcloud config set project <EXAMPLE_PROJECT_ID>
```

10.4.2.2 [手順①] インポートモジュールの確認

ライブラリのインストールをしていない場合は、「10.3.1.1 ［準備］Google Cloud クライアント ライブラリのインストール」を参考にライブラリのインストールをします。データ保存に必要な次のモジュール「google.cloud.storage」をインポートします。インポート文は次のようになります。

```
import logging

from flask import render_template, request, Flask
```

```
from google.cloud import storage
```

10.4.2.3 ［手順②］アップロード画面の作成

トップページにアクセスしたらアップロード画面を表示します。**リスト10.1**のindex.htmlを作成します。このファイルは、templatesフォルダに保存します。

■**リスト10.1** index.html

```
<!DOCTYPE html>
<html>
<head lang="ja">
  <meta charset="UTF-8">
  <title>Example Application</title>
</head>
<body>
  <h2>Example Application</h2>
  <form method="POST" enctype="multipart/form-data">
    <input type="file" name="file">
    <button type="submit">送信</button>
  </form>
</body>
</html>
```

main.pyに "/" のルーティングを作成します。ビューメソッドhome()を作成し、GETリクエストでアクセスしたときの処理を追加します。GETリクエストの処理は、index.htmlをレンダリングして返します。

```
@app.route('/')
def home():
    if request.method == 'GET':
        return render_template('index.html')
```

10.4.2.4 ［手順③］GCSにアップロードする

homeメソッドにPOSTリクエストでファイルがアップロードされたときの処理を追加します<PROJECT_ID>はバケット名に置きかえてください。GCPのプロジェクトIDと同じ名前のバケットに、送られてきたファイル名と同じファイル名で保存します。アップロードが完了したら、画面にメッセージを出力します。

```
@app.route('/', methods=['GET', 'POST'])
```

```
def home():
    if request.method == 'GET':
        return render_template('index.html')
    else:
        uploaded_file = request.files['file']
        client = storage.Client()
        bucket = client.get_bucket('<PROJECT_ID>')
        blob = bucket.blob(uploaded_file.filename)
        blob.upload_from_file(uploaded_file)
        return 'アップロードしました。'
```

10.4.2.5 main.py

main.pyは**リスト10.2**のような内容になります。

■リスト10.2 main.py

```
import logging

from flask import render_template, request, Flask
from google.cloud import storage


app = Flask(__name__)
logging.getLogger().setLevel(logging.DEBUG)


@app.route('/', methods=['GET', 'POST'])
def home():
    if request.method == 'GET':
        return render_template('index.html')
    else:
        uploaded_file = request.files['file']
        client = storage.Client()
        bucket = client.get_bucket('<PROJECT_ID>')
        blob = bucket.blob(uploaded_file.filename)
        blob.upload_from_file(uploaded_file)
        return 'アップロードしました。'


if __name__ == '__main__':
    app.run(host='127.0.0.1', port=8080, debug=True)
```

10.4.3 動作確認

アプリをデプロイして動作確認をします。ブラウザからhttps://<EXAMPLE_PROJECT_ID>.appspot.comにアクセスするとアップロードフォーム（**図10.12**）が表示されます。

図10.12 アップロードフォーム

図10.13のように任意のファイルを選択し、アップロードします（注意：GAEはリクエストを1分以内に処理をするという制限があるため、大きなファイルを操作するとタイムアウトして失敗します。後述するCloud Tasksと併用することで対応します）。

図10.13 ファイルの選択からアップロード

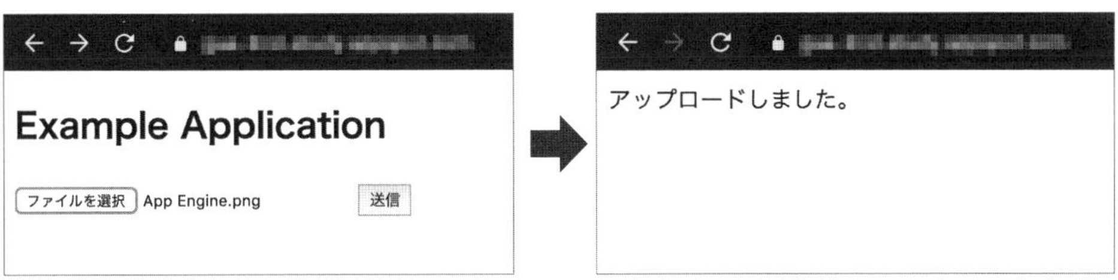

クラウドコンソールからGCSのバケットを確認し、ファイルがアップロードされていることを確認します（**図10.14**）。

図10.14 クラウドコンソールによる確認

10.5 [実習] GCSにファイルをアップロードする

GuestBookアプリにファイルのアップロード機能を追加します。GuestBookアプリにイベントの写真を掲載するための「Photo Gallery」というWebページを追加し、勉強会の写真をアップロードできるようにします。/photosにアップロードフォームを作成し、ファイルをGCSにアップロードします（**図10.15**）。バケットの情報は**表10.1**のとおりです。

●**表10.1 GCSバケットの情報**

バケット名	ストレージクラス	ロケーション
GCPプロジェクトIDを同じ	Regional	asia-north-east1（東京リージョン）

図10.15 完成図

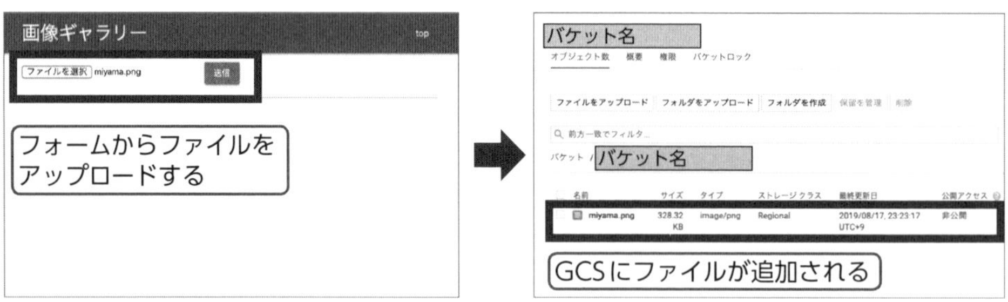

10.5.1 [実習] の手順

実習の手順は次のようになります。

①バケットを作成する
②ライブラリをインストールする

その後、次の手順で実習アプリを試します。

①インポートモジュールの確認
②アップロード画面の作成
③GCSにアップロードする

10.5.1.1 開発環境の確認

次のコマンドを実行してGuestBookアプリの開発環境にします。

```
$ cd $HOME/gae-study/guestbook
$ source env/bin/activate
$ gcloud config set project <GUESTBOOK_PROJECT_ID>
```

10.5.1.2 [準備①] バケットを作成する

「10.2.1 GCSの練習」を参考にGuestBookアプリのプロジェクトにもGCSのバケットを追加します。プロジェクト名と同じ名前のバケットを作成し、すべてのユーザーで読み取りできるようにします。

10.5.1.3 [準備②] ライブラリをインストールする

「10.3.1.1 [準備] Google Cloudクライアントライブラリのインストール」を参考にGuestBookアプリにもライブラリのインストールをします。

10.5.1.4 [手順①] インポートモジュールの確認

データ保存に必要な次のモジュール「google.cloud.storage」をインポートします。インポート文は次のようになります。

```
import logging

from flask import Flask, abort, request, render_template
```

```
from google.cloud import storage

import ds
```

10.5.1.5 [手順②] アップロード画面の作成

/photosにアクセスしたらアップロード画面を表示します。完成コード「guestbook_gcs_01」から**photos.html**と**complete.html**をtemplatesフォルダ内にコピーします（**図10.16**）。

図10.16 アップロード画面の作成

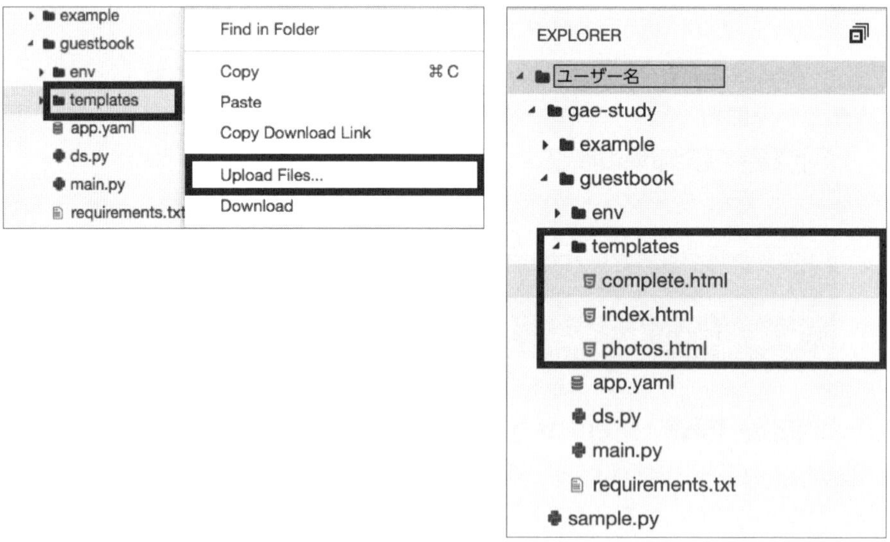

10.5.1.6 [手順③] GCSにアップロードする

/photosを処理するビュー関数photosを作成し、次の処理を追加します。<PROJECT_ID>はバケット名に置きかえてください。

- GETメソッドとPOSTメソッドのリクエストを許可する
- GETメソッドの場合は、photos.htmlを表示する
- POSTメソッドの場合は、complete.htmlを表示する

```
@app.route('/photos', methods=['GET', 'POST'])
def photos():
    if request.method == 'GET':
        return render_template('photos.html')
    else:
```

```
        uploaded_file = request.files['file']
        client = storage.Client()
        bucket = client.get_bucket('<PROJECT_ID>')
        blob = bucket.blob(uploaded_file.filename)
        blob.upload_from_file(uploaded_file)
        return render_template('complete.html')
```

10.5.2 動作確認

アプリをデプロイして次のことを確認します。確認手順は、https://<GUESTBOOK_PROJECT_ID>.appspot.comを開き、「画像ギャラリー」リンクをクリックします。アップロードフォームからファイルをアップロードします（**図10.17**）。

確認項目は、次のようになります。

- ファイルのアップロード後に成功メッセージが表示されること
- クラウドコンソールからGCSのバケットを確認しファイルがアップロードされていること（**図10.18**）

図10.17 確認手順

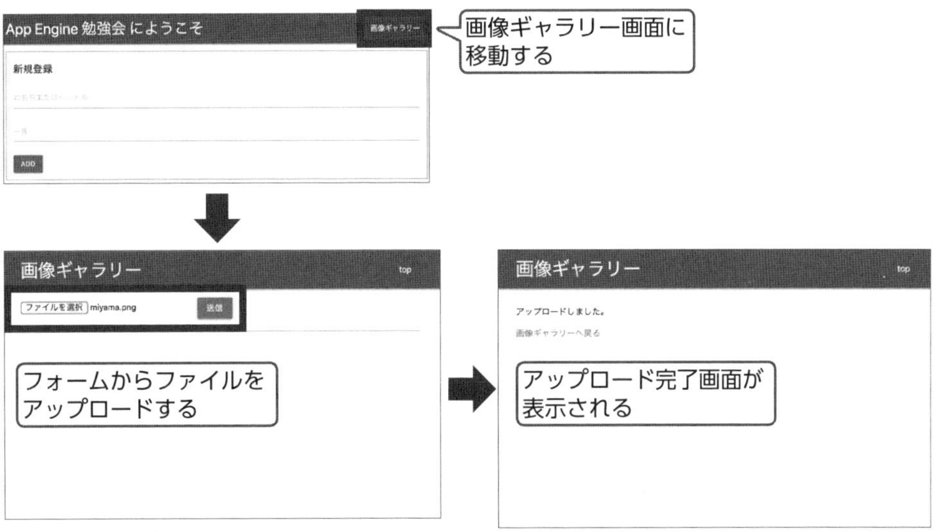

図10.18 確認項目

10.6 GCSからファイルを取得する

GCSに保存されているオブジェクトの取得する方法をExampleアプリを使って説明します。

10.6.1 オブジェクト取得の方法

GCSに保存されているファイルを取得するコードを示します。次のコードは、GCSからファイルをダウンロードしています。

```
client = storage.Client()
bucket = client.get_bucket('<バケット名>')
for blob in bucket.list_blobs():
    logging.info(blob.name)
    logginh.info(blob.public_url)
```

ストレージクライアントオブジェクトとバケットを作成する手順は保存するときと同様です。

```
client = storage.Client()
bucket = client.get_bucket('<バケット名>')
```

`bucket.list_blobs()`を使うと、バケットに保存されているオブジェクトのリストを取得できます。ここでは1件ずつ繰り返して、ログにバケット名と、パブリックURLを出力しています。それぞれの値は、`blob.name`と`blob.public_url`で取得できます。ここで取得したパブリックURLをHTMLファイルに埋め込むことで、クライアント上で画像を表示します。

10.6.2 GCSからファイルを取得する練習

Exampleアプリケーション GCSのにアップロードされた画像の一覧を表示します。手順は次のとおりです。

①インポートモジュールの確認
②テンプレートを作成する
③GCSからファイルを取得する

10.6.2.1 開発環境の確認

次のコマンドを実行してExampleアプリの開発環境にします。

```
$ cd $HOME/gae-study/example
$ source env/bin/activate
$ gcloud config set project <EXAMPLE_PROJECT_ID>
```

10.6.2.2 [手順①] インポートモジュールの確認

インポート文に変更はありません。

10.6.2.3 [手順②] 画像一覧画面の作成

index.htmlに画像を一覧表示するようにします。index.htmlを**リスト10.3**のようにします。`{{ bolbs }}`にはオブジェクトのリストが格納されています。それをfor文で繰り返します。1件ずつ<img>タグで画像と名前を表示します。

■ **リスト10.3** index.html

```
<!DOCTYPE html>
<html>
<head lang="ja">
  <meta charset="UTF-8">
  <title>Example Application</title>
</head>
```

```
<body>
  <h2>Example Application Photo Gallary</h2>

  <form method="POST" enctype="multipart/form-data">
    <input type="file" name="file">
    <button type="submit" class="btn btn-primary">送信</button>
  </form>

  <ul>
  {% for blob in blobs %}
    <li><img src="{{ blob.public_url }}" style="width:30%;height:auto;">{{ blob.
name }}</li>
  {% endfor %}
  </ul>
</body>
</html>
```

10.6.2.4 [手順③] GCSからファイルを取得する

トップページにGETメソッドでリクエストが来たときの処理を次のように修正します。

- バケット名を指定してバケットを取得する
- バケット内に保存されているオブジェクトのリストを取得し、テンプレートパラメータに追加する

```
@app.route('/', methods=['GET', 'POST'])
def home():
    if request.method == 'GET':
        client = storage.Client()
        bucket = client.get_bucket('<PRODUCT_ID>')
        return render_template('photos.html', blobs=bucket.list_blobs())
```

10.6.2.5 main.py

main.pyは**リスト10.4**のような内容になります。

■**リスト10.4** main.py

```
import logging

from flask import render_template, request, Flask
from google.cloud import storage


```

```
app = Flask(__name__)
logging.getLogger().setLevel(logging.DEBUG)


@app.route('/', methods=['GET', 'POST'])
def home():
    if request.method == 'GET':
        client = storage.Client()
        bucket = client.get_bucket('<PRODUCT_ID>')
        return render_template('index.html', blobs=bucket.list_blobs())
    else:
        uploaded_file = request.files['file']
        client = storage.Client()
        bucket = client.get_bucket('<PRODUCT_ID>')
        blob = bucket.blob(uploaded_file.filename)
        blob.upload_from_file(uploaded_file)
        return 'アップロードしました。'


if __name__ == '__main__':
    app.run(host='127.0.0.1', port=8080, debug=True)
```


10.6.3 動作確認

アプリをデプロイして動作確認をします。ブラウザからhttps://<EXAMPLE_PROJECT_ID>.appspot.comにアクセスすると画像一覧が表示されます(**図10.19**)。

図10.19 確認

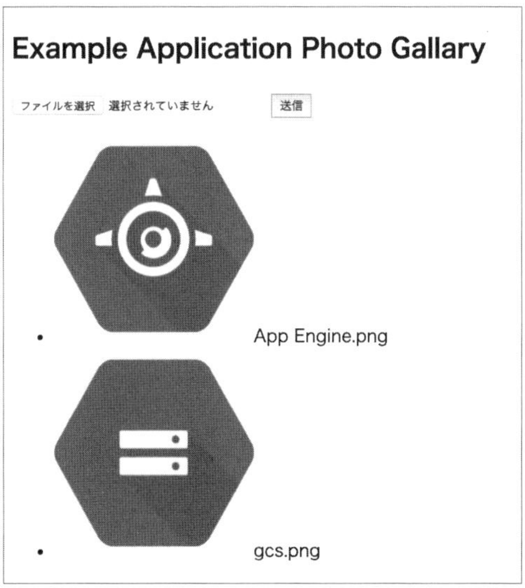

10.7 ［実習］GCSからファイルを取得する

GuestBookアプリに画像の表示機能を追加しましょう（**図10.20**）。GuestBookアプリの「画像ギャラリー」ページに勉強会の写真を一覧表示できるようにします。

図10.20 完成図

10.7.1 実習の手順

実習の手順は次のようになります。

①インポートモジュールの確認
②画像一覧画面の確認
③GCSから画像を取得する

10.7.1.1 開発環境の確認

次のコマンドを実行してGuestBookアプリの開発環境にします。

```
$ cd $HOME/gae-study/guestbook
$ source env/bin/activate
$ gcloud config set project <GUESTBOOK_PROJECT_ID>
```

10.7.1.2 [手順①] インポートモジュールの確認

インポート文に変更はありません。

10.7.1.3 [手順②] 画像一覧画面の確認

/photosにアクセスしたら画像を一覧表示します。photos.htmlにはすでに画像を表示する機能が実装されています。次のコードはphotos.htmlの32行目付近です。

テンプレートに渡されたブロブオブジェクトのリストblobsをfor文で繰り返し、1件ずつ画像のURLとファイル名をセットしています。

```
<div class="row">
{% for blob in blobs %}
  <div class="col s12 m6">
    <div class="card">
      <div class="card-image">
        <img src="{{ blob.public_url }}">
      </div>
      <div class="card-content">
        <p>{{ blob.name }}</p>
      </div>
    </div>
  </div>
{% endfor %}
</div>
```

10.7.1.4 [手順③] GCSから画像を取得する

/photosにGETメソッドでリクエストが来たときの処理を次のように修正します。

- バケット名を指定してバケットを取得する
- GCSからバケット内に保存されているオブジェクトのリストを取得し、テンプレートパラメータに追加する

```
@app.route('/photos', methods=['GET', 'POST'])
def photos():
    if request.method == 'GET':
        client = storage.Client()
        bucket = client.get_bucket('<バケット名>')
        return render_template('photos.html', blobs=bucket.list_blobs())
```

10.7.2 動作確認

アプリをデプロイして次のことを確認します。https://<GUESTBOOK_PROJECT_ID>.appspot.comを開き、「画像ギャラリー」リンクをクリックします。

確認項目は、画像が一覧表示されていることですが、画像の取得がうまくいかない場合はバケットの権限を確認してください。

図10.21 表示確認

column 「データの取得方法」

本文では、GCSに保存したファイルのパブリックURLを取得する方法だけを説明していますが、権限付きのデータをGAEアプリ側で取得（ダウンロード）する際は、次のような書き方をします。

```
@app.route('/download/<filename>')
def download(filename=None):
    client = storage.Client()
    bucket = client.get_bucket('<バケット名>')
    blob = storage.Blob(filename, bucket)
    content = blob.download_as_string()
    return send_file(io.BytesIO(content),
                     mimetype='application/octet-stream',
                     attachment_filename=filename)
```

第11章

そのほかのサービス

第11章 そのほかのサービス

11.1 GCPの機能をもっと使うには

これまでにアプリ開発における基本的な機能を紹介しました。ただし、実際に実用的なサービスを作成する場合、これだけでは機能が足りないことがほとんどです。たとえば、OAuthを使ったユーザー認証をする、時間のかかる処理をバックグラウンドで行う、定期的にバッチ処理を実行する、などが挙げられます。整理すると本格的なWebサービスでは次のような機能を実装することが多くなっています。

- OAuthによるユーザー認証
- 時間のかかる処理をバックグラウンドで行う
- 定期的なスケジューリング処理
- リレーショナル・データベースの使用
- キャッシュサーバーの使用
- リクエストの監視
- データ収集と分析
- アプリへのAI（人工知能）導入

本章では、これらの機能のいくつかをCloud Identity-Aware Proxy（IAP）、Cloud Tasks、Cloud Schedulerなどのサービスを使用して、Exampleアプリの作成を通して説明します。各アプリは前後のコードに依存しませんので、順番どおりに作成する必要はありません。

11.2 Cloud Identity-Aware Proxy (Cloud IAP) とは

Cloud Identity-Aware Proxy (Cloud IAP) を使用することで、GAEやGKE、GCEなどで実行されているアプリへのアクセスを管理できます (**図11.1**)。

Cloud IAPはアプリのインターネットフロントエンドとして機能します。Cloud IAPのレイヤーで、ユーザーのIDを確認したうえでアプリへのアクセスを許可するかどうかをユーザーIDを使って判断します。IAPを利用すると、アプリに対してグループベースのアクセス制御ができるようになり、DoS (Denial of Service) 攻撃の問題などを解決できます。ユーザーとデベロッパーは、インターネットのパブリックURLからアプリにアクセスし、VPNクライアントの起動や管理は不要です。また、無料で使用できるサービスというのも魅力的です。

図11.1 Cloud Identity-Aware Proxy (Cloud IAP)

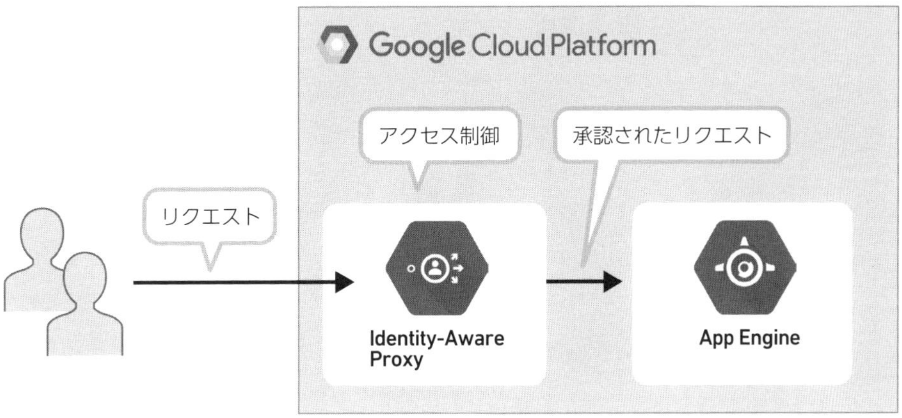

11.2.1 [練習] Cloud IAPの使い方

Cloud IAPはこれまでのようにアプリに実装するものではありません。クラウドコンソール画面や、`gcloud`コマンド、REST APIなどで設定できます。設定後はアプリのフロントエンドで、ユーザーのリクエストを監視し、承認されている正しいリクエストだけを、バックエンドで動くアプリに届けてくれます。

11.2.2 ユーザーを制限する

Cloud IAPをONにしてGAEアプリにアクセス制限をかけます。[Navigation menu] → [IAMと管理] → [Identity-Aware Proxy] を選択します（**図11.2**）。APIが有効になっていない場合は、[APIを有効にする] ボタンをクリックします。

図11.2 ユーザーのアクセス制限

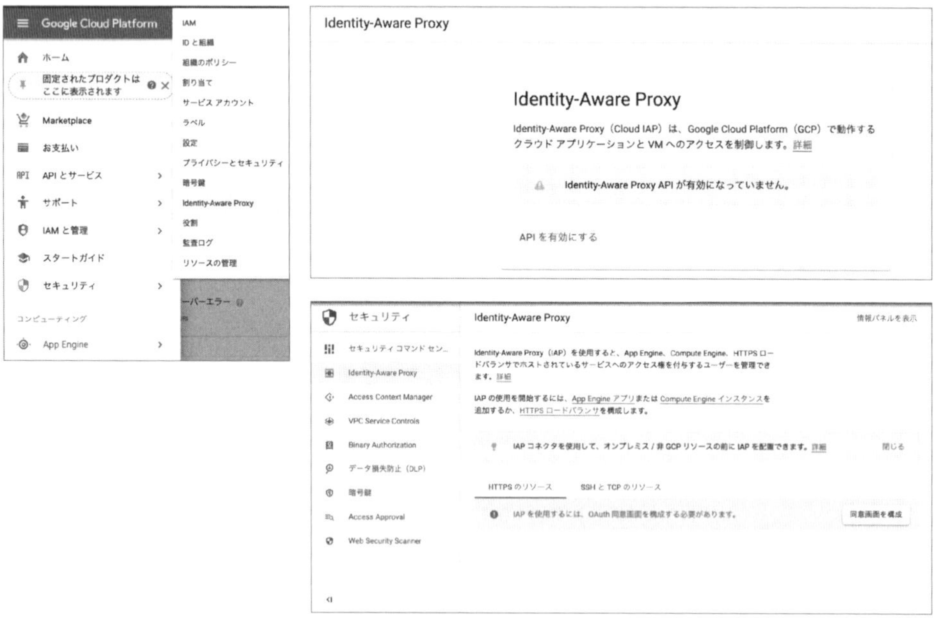

次に同意画面の作成をします。[同意画面の構成] ボタンをクリックします（**図11.3**）。

図11.3 同意画面の構成

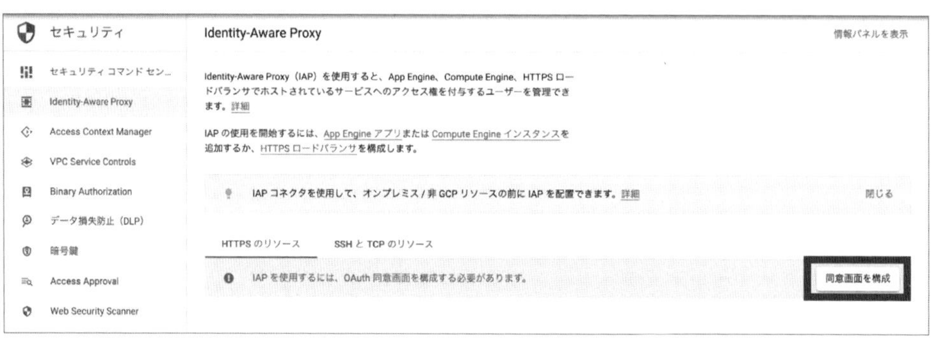

OAuthの同意・画面では［外部］を選択し、［作成］ボタンをクリックします（**図10.4**）。

図11.4 OAuth同意画面

次にアプリ名を入力して、そのほかの値は初期値のままで［保存］ボタンをクリックします（**図11.5**）。

図11.5 アプリ名を入力して保存

［APIとサービス］の［認証情報］画面が表示されたら同意画面の作成は完了です。もう一度［Navigation menu］→［IAMと管理］→［Identity-Aware Proxy］を選択して、Cloud IAPの画面を表示します。

図11.6のような画面になっていることを確認して、[IAP] のスイッチをONに変更します。ステータスにエラーアイコンが表示されていても無視してかまいません。

図11.6 [IAP] のスイッチをONに変更

ダイアログが表示されたら、[IAPをオンにする] をクリックします（**図11.6**）。

図11.7 [IAP] の有効化

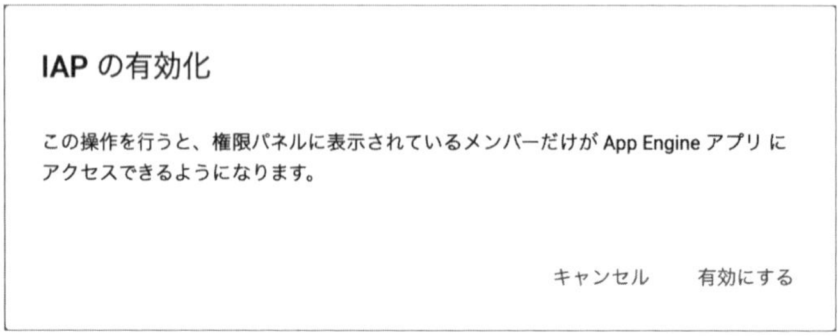

IAP の有効化
この操作を行うと、権限パネルに表示されているメンバーだけが App Engine アプリ にアクセスできるようになります。
キャンセル
有効にする

しばらくすると、コンソール画面に戻り、ステータスが [OK] になっているのが確認できます（**図11.8**）。

図11.8 コンソール画面でステータスを確認

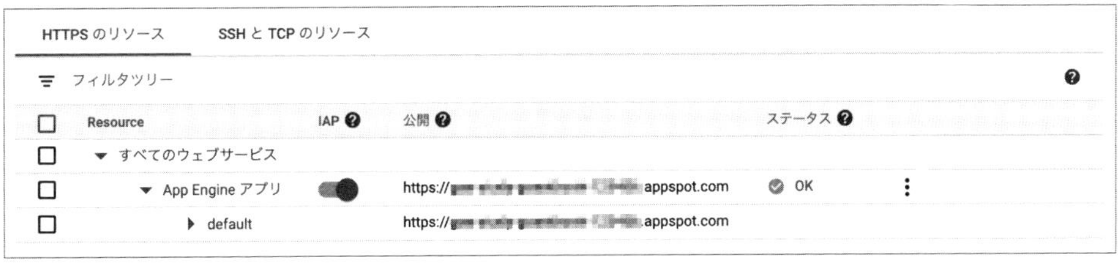

公開のURLをクリックしてアプリにアクセスすると、認証画面が表示されるので、アカウントを選択します。**図11.8**のような画面が表示されて、アプリにアクセスできなくなっているのが確認できます。

図11.9 コンソール画面でステータスを確認

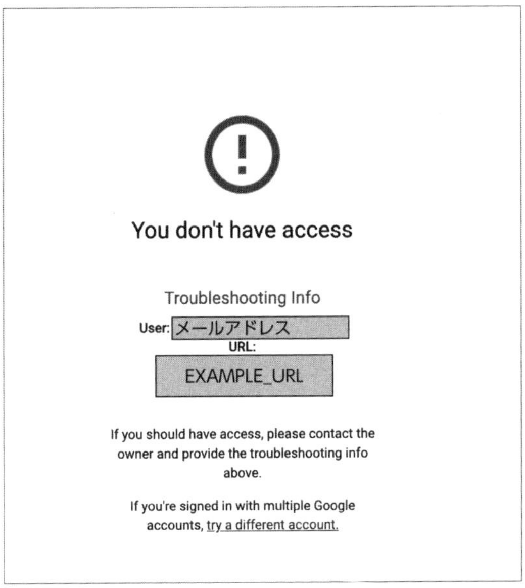

11.2.3 ユーザーを承認する

現在の設定では、すべてのユーザーがアクセスできなくなっています。アプリにアクセスできるユーザーを追加しましょう。

[Navigation menu] → [IAMと管理] を選択して、IAMの画面を表示します。メンバ一覧からアクセスを許可したいユーザーの鉛筆アイコンをクリックします（**図11.10**）。

図11.10 IAMで許可したいユーザーを選択

［+別の役割］を選択し、［Cloud IAP］→［IAPで保護されたウェブアプリ ...］を選択し、［保存］ボタンをクリックします（**図11.11**）。

図11.11 権限の編集

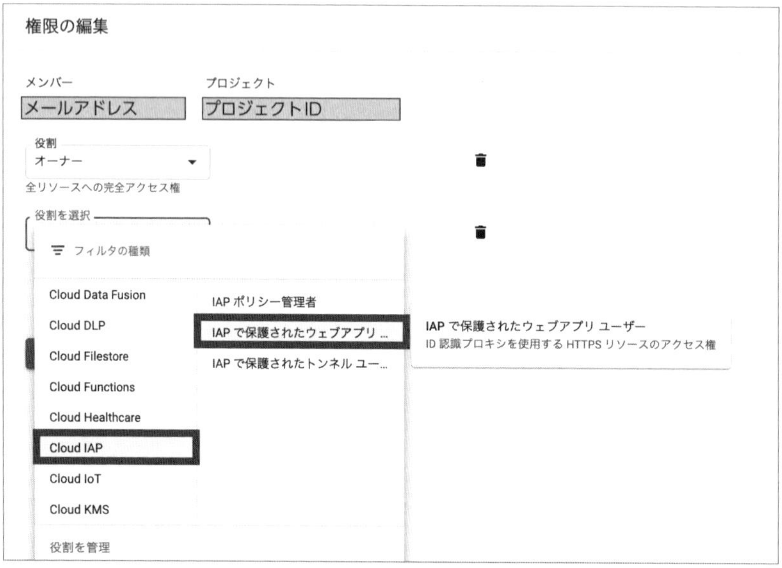

一覧が表示され、役割に［IAPで保護されたウェブアプリケーションユーザー］が追加されていることを確認します（**図11.12**）。

図11.12 権限の編集

IAPの画面を表示して、［AppEngineアプリ］のチェックボックスをONにします。画面右側に情報パネルが表示されるので、［役割／メンバー］一覧の［IAP-secured Web App User］を展開し、IAMで追加したユーザーが表示されていることを確認します（**図11.13**）。

図11.13 ［AppEngineアプリ］のチェックボックス

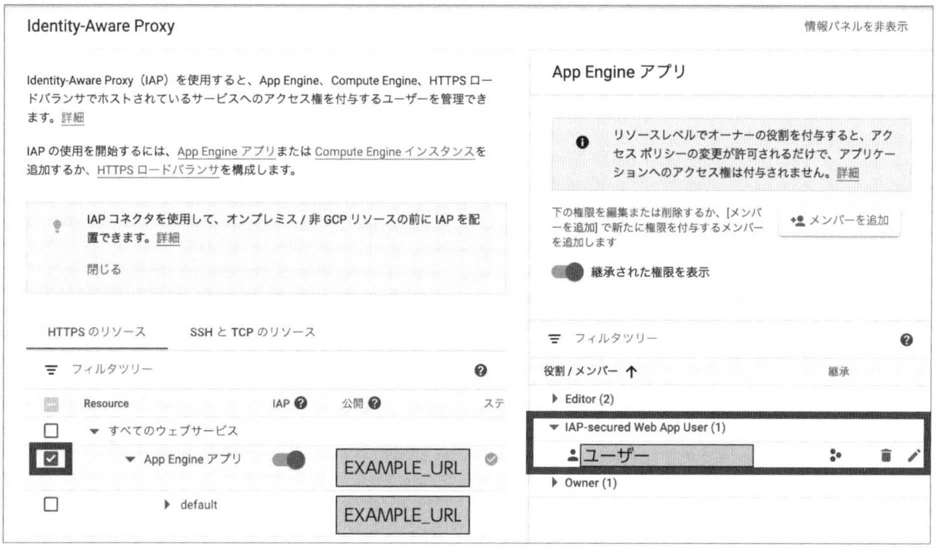

GAEアプリページにアクセスして画面が表示されることを確認します（**図11.14**、権限追加の反映にしばらく時間がかかることがあるので、変更直後はアクセス禁止画面が表示されることがあります）。

図11.14 GAEアプリ実行確認

11.3 Cloud Tasks

GAEではデフォルトではアプリがリクエストを受け取ってから60秒以内にレスポンスを返さないといけないという制限があります（https://cloud.google.com/appengine/docs/standard/python3/how-requests-are-handled?hl=ja#quotas_and_limits）。そのため、時間のかかる処理を行うとタイムアウトが発生してしまいます。この制限を回避するためのいくつかの方法があります。もっとも簡単な方法はデフォルトの設定を変更して制限時間を伸ばすことですが、処理が終わるまでひたすら待たなくてはいけないのでユーザービリティが良くありません。このような場合の適切な方法はバックグラウンドで動かすことです。フォアグラウンドでユーザーのリクエストを受け取り、バックグラウンドで重たい処理を依頼すれば、リクエストに対してすぐにレスポンスを返すことができます。GAEではこの方法を実現するためにCloud Tasksというサービスが提供されています。Cloud Tasksを使うとこで、デフォルトで10分、最大で24時間まで処理時間を伸ばすことができます。ここではCloud Tasksを使った、バックグラウンド処理の方法について説明します（**図11.15**）。

図11.15 Cloud Tasksの概要

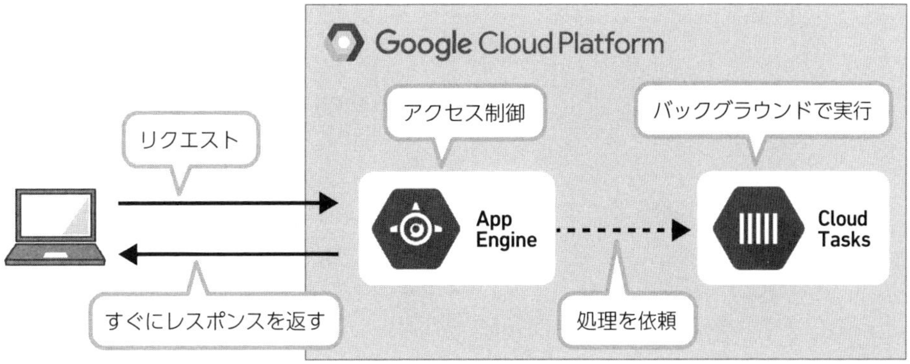

11.3.1 Cloud Tasksの仕組み

Cloud Tasksには、HTTPとGAEをターゲットにしたものがあります。ここでは、GAEをターゲットにしたCloud Tasksを使います。処理の流れは次のようになります。

①Cloud Tasksにタスクキューを作成する
②タスクを作成しキューに追加する
③ワーカーがタスクを処理する
④結果を返す

11.3.1.1 Cloud Tasksにタスクキューを作成する

Cloud Tasksはタスクキューを作成して使用します。タスクの作成はクラウドコンソールやgcloudコマンドを使って作成します。作成するのは最初の1回だけです。

11.3.1.2 タスクを作成しキューに追加する

クライアントアプリはバックグラウンドで処理してほしいタスクを作成し、キューに追加します。タスクは、ターゲットURLにGAEのタスクハンドラを指定して、リクエストをPOSTで送信します。すると、リクエストを受けたワーカーが実際の処理をバックグラウンドで行います。リクエストボディにはワーカーに渡したいデータを入れます。次のようなコードになります。

```
# タスクの作成
task = {
        'app_engine_http_request': {
            'http_method': 'POST',
            'relative_uri': url_for('run_task')
            'body': 'Hello Cloud Tasks!'.encode()
        }
}
```

11.3.1.3 Cloud Tasks がワーカーを起動して処理する

タスクが追加されると、Cloud Tasksはタスクを処理するためのワーカーを起動してくれます。具体的なタスクの処理はワーカーが実行します。GAEのタスクハンドラをターゲットにしたタスクの場合は、GAEで起動したワーカーがタスク（リクエスト）を処理します。

11.3.1.4 結果を返す

タスクの処理を行ったGAEのワーカーは、処理結果をHTTPのレスポンスコードで返します。200番台のステータスコードを返すと成功とし、それ以外は失敗と判定されます。また、デフォルトの設定ではCloud Tasksは処理が成功するまで再試行されますので、どこかのタイミングで必ずHTTPレスポンスコードの200を返すか、リトライ設定を変更して再試行回数を制限するなどを検討する必要があります。

図11.16 タスクの処理の流れ

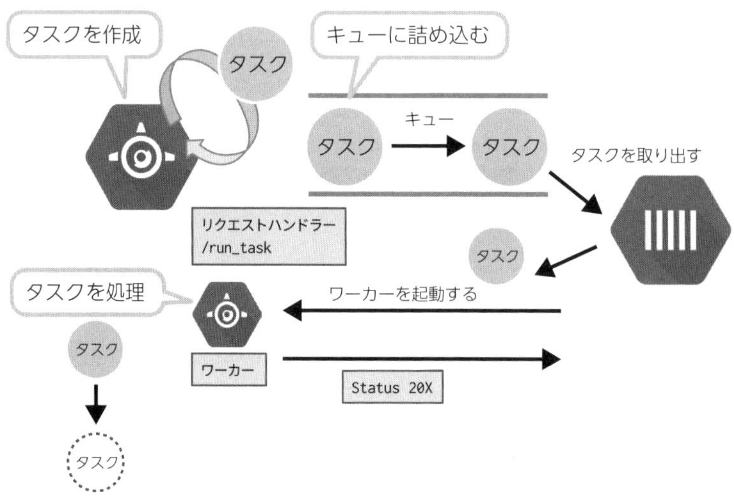

11.3.2 ［練習］Cloud Tasksの使い方

Exampleアプリにバックグラウンド処理の機能を実装してCloud Tasks連携の練習をします。準備は次のようになります。

①Google Client Libraryのインストール
②キューを作成する

手順は次のとおりです。

①キューを作成する
②キューにタスクを追加する
③タスクハンドラーを作成する

11.3.2.1 ［準備］Google Cloudクライアントライブラリのインストール

Cloud Tasks用のライブラリはgoogle-cloud-tasksですが、これを使うにはgoogle-cloud-coreというライブラリも一緒にインストールする必要があります。requirements.txtを**リスト11.1**のように修正します

■**リスト11.1** requirements.txt

```
Flask==1.0.2
google-cloud-datastore==1.7.3
google-cloud-core==1.0.2
google-cloud-storage==1.16.1
google-cloud-tasks==1.1.0
```

次のコマンドを実行し、インストールして準備が完了します。

```
pip install -r requirements.txt
```

11.3.2.2 キューを作成する

まずCloud Tasksキューを作成する必要があります。次のコマンドで作成できます。

```
gcloud tasks queues create <QUEUE_ID>
```

<QUEUE_ID>はキューに割り当てる識別子で、任意のタスクキューIDを指定できますが、IDはGCPプロジェクトで一意でないといけません。ここでは**my-queue**とい

うタスクキューIDを指定して作成します。

```
gcloud tasks queues create my-queue
```

次のコマンドを実行して、キューが作成されていることを確認します。

```
gcloud tasks queues describe my-queue
```

クラウドコンソールで、[Navigation menu] → [Cloud Tasks] を選択して、作成したキューが表示されることを確認します（**図11.17**）

図11.17 Cloud Tasks

11.3.3 Cloud Tasksと連携する練習

Cloud Tasksを利用するには次のような手順を踏みます。

①インポートモジュールの確認
②キューにタスクを追加する
③タスクハンドラーを作成する

11.3.3.1 ［手順①］インポートモジュールの確認

次のモジュールをインポートします。

- flask.url_for
- google.cloud.tasks_v2

インポート文は次のようになります。

```
import logging

from flask import Flask, url_for, request
from google.cloud import tasks_v2
```

11.3.3.2 [手順②] キューにタスクを追加する

Cloud Tasksはタスクをキューに入れる処理と、タスクを実行するタスクハンドラの処理との連携でバックグラウンド実行を実現します。

- '/' にアクセスしたときに、タスクをキューに入れる処理を追加する
- リクエストボディに 'Hello Cloud Tasks!' というメッセージを入れる
- タスクハンドラーのURLに '/run_task' を指定する
- クライアントに以下のJSONを返す

```
{
  'message': 'Task <キューの名前> がキューに追加されました'
}
```

main.pyのhome関数を**リスト11.2**のように変更します。

■**リスト11.2 main.py**

```
@app.route('/')
def home():
    # Taskクライアントを取得
    client = tasks_v2.CloudTasksClient()

    # プロジェクトID、ロケーション、キューID
    project = '<PROJECT_ID>'
    location = 'asia-northeast1'
    queue_id = 'my-queue'

    # タスクを処理するAppEngineタスクハンドラ
    relative_uri = url_for('run_task')

    # タスクの作成
    task = {
            'app_engine_http_request': {
                'http_method': 'POST',
                'relative_uri': relative_uri,
                'body': 'Hello Cloud Tasks!'.encode()
            }
    }

    # 完全修飾のキューの名前を作成
    parent = client.queue_path(project, location, queue_id)

    # タスクをキューに追加する
    task_response = client.create_task(parent, task)
```

```
    logging.info('Task {} がキューに追加されました'.format(task_response.name))
    res = {
        'message': 'Task {} がキューに追加されました'.format(task_response.name)
    }

    return res
```

11.3.3.3 [手順③] タスクハンドラーを作成する

Cloud Tasksはタスクをキューに入れる処理と、タスクを実行するタスクハンドラーの処理との連携でバックグラウンド実行を実現します。そのためのタスクハンドラーを用意します。main.pyにタスクハンドラーとなる**run_task**関数を作成し、次の処理を行うようにします。

- /run_taskのPOSTリクエストを許可する
- ペイロードを取得し、ログに出力する
- ステータスコード200を返す

```
@app.route('/run_task', methods= ['POST'] )
def run_task():
    logging.info('running!!!')

    # ペイロードを取得する
    payload = request.get_data(as_text=True)
    logging.info('payload={}'.format(payload))
    return '', 200
```

タスクハンドラーに設定されているURL/run_taskに対してCloud TasksはPOSTメソッドでリクエストを送ります。そのため、ルーティングにはPOSTメソッドを許可します。

```
@app.route('/run_task', methods= ['POST'] )
def run_task():
```

Cloud Tasksはリクエストボディにペイロードを設定できるので、request.get_dataで取得できます。また、リクエストボディには文字列だけが入ってくるので、as_text=Trueのオプションを設定しています。タスクは200系のステータスコードを返さないと再試行されるため、return '', 200でレスポンスステータス200を返しています。

```
payload = request.get_data(as_text=True)
logging.info('payload={}'.format(payload))
return '', 200
```

11.3.3.4 main.py

main.pyは**リスト11.3**のような内容になります。

■**リスト11.3** main.py

```
import logging

from flask import Flask, url_for, request
from google.cloud import tasks_v2


app = Flask(__name__)
logging.getLogger().setLevel(logging.DEBUG)


@app.route('/')
def home():
    # Taskクライアントを取得
    client = tasks_v2.CloudTasksClient()

    # プロジェクトID、ロケーション、キューID
    project = '<PROJECT_ID>'
    location = 'asia-northeast1'
    queue_id = 'my-queue'

    # タスクを処理するAppEngineタスクハンドラ
    relative_uri = url_for('run_task')

    # タスクの作成
    task = {
            'app_engine_http_request': {
                'http_method': 'POST',
                'relative_uri': relative_uri,
                'body': 'Hello Cloud Tasks!'.encode()
            }
    }

    # 完全修飾のキューの名前を作成
    parent = client.queue_path(project, location, queue_id)

    # タスクをキューに追加する
```

```
    task_response = client.create_task(parent, task)
    logging.info('Task {} がキューに追加されました'.format(task_response.name))
    res = {
        'message': 'Task {} がキューに追加されました'.format(task_response.name)
    }

    return res


@app.route('/run_task', methods= ['POST'] )
def run_task():
    logging.info('running!!!')
    payload = request.get_data(as_text=True)
    logging.info('payload={}'.format(payload))
    return '', 200


if __name__ == '__main__':
    app.run(host='127.0.0.1', port=8080, debug=True)
```

11.3.4 動作確認

アプリをデプロイして動作確認をします。

- ブラウザからhttps://<EXAMPLE_PROJECT_ID>.appspot.comにアクセスするとキューにタスクが追加されること
- run_task関数で実行したログが出力されていること(**図11.18**)
- クラウドコンソールを表示して、タスクが正しく処理されていること(**図11.19**)

図11.18 ログ出力の確認

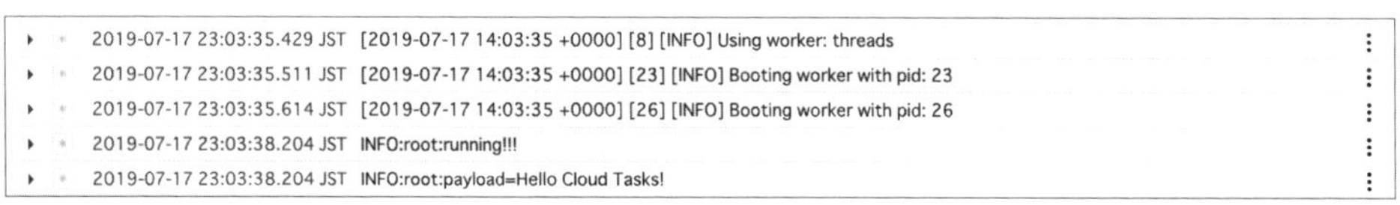

2019-07-17 23:03:35.429 JST [2019-07-17 14:03:35 +0000] [8] [INFO] Using worker: threads
2019-07-17 23:03:35.511 JST [2019-07-17 14:03:35 +0000] [23] [INFO] Booting worker with pid: 23
2019-07-17 23:03:35.614 JST [2019-07-17 14:03:35 +0000] [26] [INFO] Booting worker with pid: 26
2019-07-17 23:03:38.204 JST INFO:root:running!!!
2019-07-17 23:03:38.204 JST INFO:root:payload=Hello Cloud Tasks!

図11.19 タスクの確認

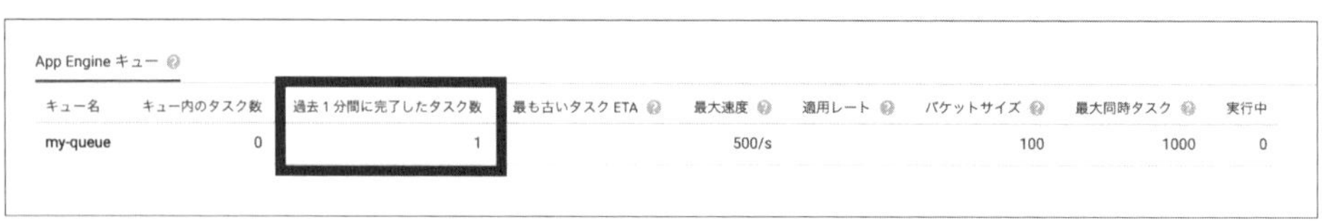

App Engine キュー
キュー名
キュー内のタスク数
過去１分間に完了したタスク数
最も古いタスク ETA
最大速度
適用レート
バケットサイズ
最大同時タスク
実行中
my-queue
0
1
500/s
100
1000
0

すべて確認できたら、タスクキューを削除します。Cloud Tasksの画面で「my-queue」タスクを選択します。次の画面で［キューを削除］ボタンをクリックします。確認ダイアログに「my-queue」と入力して、削除ボタンをクリックします。キューが削除されていることを確認します（**図11.20**）。

図11.20 タスクの確認

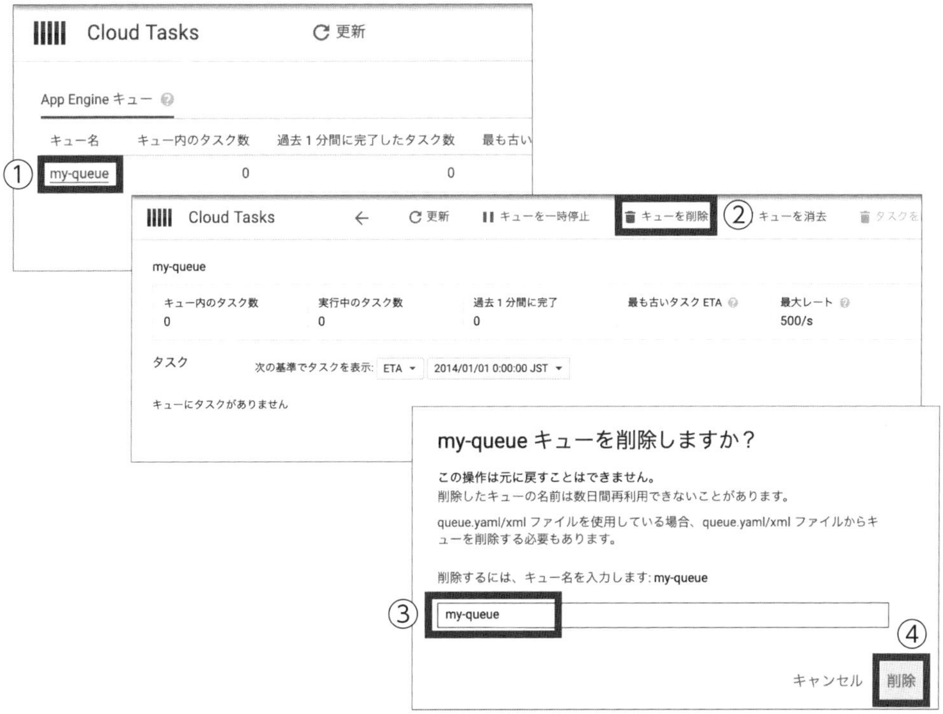

column **「タスクが正しく処理されずに再試行を繰り返している場合」**

タスクハンドラー内の処理で内部エラーなどが発生して、200のレスポンスコードを返せない場合は、デフォルトでは、ひたすら再試行を繰り返します。このような場合は手動でタスクを終了する必要があります。タスクの強制終了はクラウドコンソールから行います。クラウドコンソールのCloud Tasksの画面のキュー一覧から、キューを選択します。次に、現在実行中のタスクが表示されるので、チェックボックスにチェックを入れて、画面上部の［タスクを削除］をクリックします。

図11.21 タスクの削除

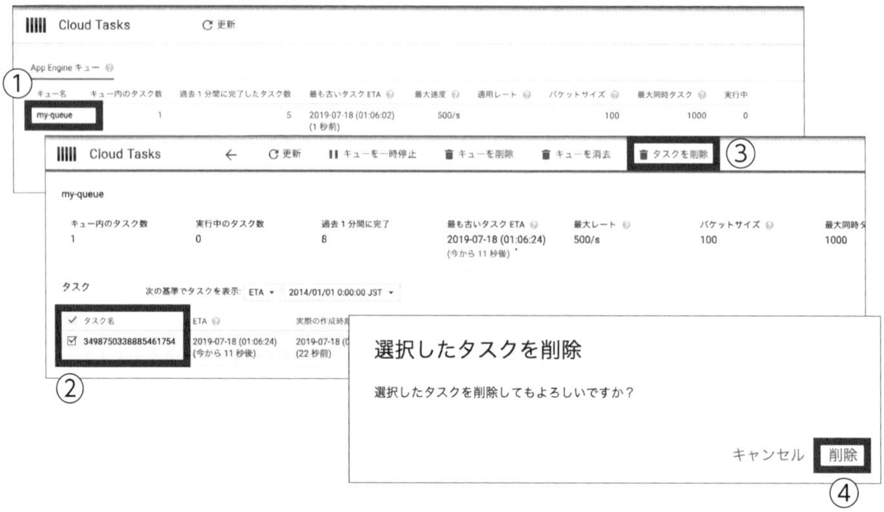

11.4 Cloud Scheduler

Cloud Schedulerは、cronジョブのフルマネージドサービスです。GAE 2ndでは決まった時間に何かしらの処理をするといったスケジューリングの機能はないため、Cloud Schedulerのようなサービスを使ってスケジューリング処理を行います（**図11.22**）。

何かしらの処理を定期的に実行したいというのは、よくあることです。たとえば、アンケート結果の集計、毎時実行されるバッチ処理、データのバックアップや外部サービスとの定期的な通信など、スケジューリングしたいジョブはさまざまです。さらに実行間隔や処理時間もまちまちで、リソースを確保するためにジョブの実行を調整するなどの工夫も必要になってきます。Cloud Schedulerはオートスケールするのでリソース不足などの心配はなく、シンプルな画面で簡単にジョブを管理できます。また、エラーの再試行などの機能も備わっているため、cronジョブが正常に行われなかったときの対策なども不要です。ただし、Cloud SchedulerもCloud Tasksと同じで、デフォルトでは無制限に試行するのでリトライポリシーの工夫が必要になってきます。

図11.22 Cloud Scheduler

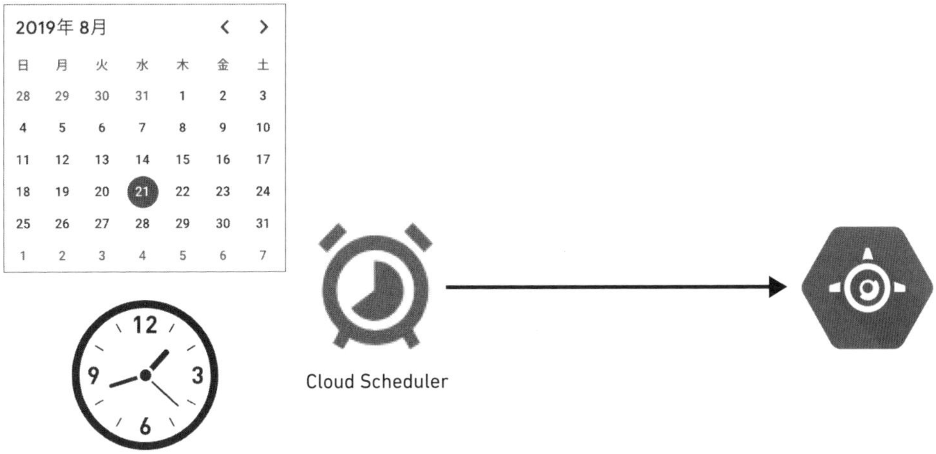

11.4.1 [練習] Cloud Schedulerの使い方

まずジョブを実行してくれるターゲットを用意する必要があります。Cloud Schedulerはジョブを作成し、そのジョブを処理してくれるターゲットに送信します。ターゲットは次の3種類の方法があります。

- HTTP/Sエンドポイント
- Cloud Pub/Subトピック
- App Engineアプリ

ここでは、App Engineアプリをターゲットにした Cloud Schedulerを使います。Cloud Schedulerが起動したジョブをGAEで処理します。これをExampleアプリで説明します。その手順は次のようになります。

①ジョブを作成する
②App Engine HTTPターゲットを作成する

11.4.1.1 [手順①] ジョブの作成

クラウドコンソール画面から、ジョブを作成します。[Navigation menu] → [Cloud Scheduler] を選択し、[ジョブを作成] ボタンをクリックします (**図11.23**)。

図11.23 Cloud Schedulerでのジョブの作成

ジョブの作成画面では次のように入力します。その他の値はデフォルトのままです。[作成]ボタンをクリックします(**図11.24**)。

- 名前：my-job
- 頻度：＊＊＊＊＊（※すべて＊にすると1分ごとに実行される）
- ターゲット：App Engine HTTP
- URL：/run_job
- 本文：Hello Cloud Scheduler!!!

図11.24 Cloud Scheduleでのジョブの作成

ジョブが作成されて、**図11.25**のようになっているのが確認できます。

図11.25 Cloud Scheduleジョブの確認

11.4.1.2 [手順②] App Engine HTTPターゲットを作成する

main.pyにCloud Taskの実習で作成した、タスクハンドラーとほぼ同じ内容のrun_job関数を作成します。

```
@app.route('/run_job', methods= ['POST'] )
def run_job():
    logging.info('Running Schedule!!!')
    payload = request.get_data(as_text=True)
    logging.info('payload={}'.format(payload))
    return '', 200
```

main.pyのhome関数を次のように変更します。ここでは、特に処理を必要としないので、単純にメッセージを返すだけです。

```
@app.route('/')
def home():
    return 'Cloud Scheduler Sample!'
```

11.4.1.3 main.py

main.pyは**リスト11.4**のような内容になります。

■**リスト11.4** main.py

```
import logging

from flask import Flask, request

app = Flask(__name__)
logging.getLogger().setLevel(logging.DEBUG)


@app.route('/')
def home():
    return 'Cloud Scheduler Sample!'


@app.route('/run_job', methods= ['POST'] )
def run_job():
    logging.info('Running Schedule!!!')
    payload = request.get_data(as_text=True)
    logging.info('payload={}'.format(payload))
    return '', 200
```

```
if __name__ == '__main__':
    app.run(host='127.0.0.1', port=8080, debug=True)
```

11.4.2 動作確認

アプリをデプロイし、次の動作確認をします。

- 1分ごとにCloud Schedulerのジョブが起動すること
- run_job関数で実行されログが出力されていること（**図11.26**）
- クラウドコンソールを表示して、ジョブが正しく処理されていること（**図11.27**）

図11.26 ログの出力確認

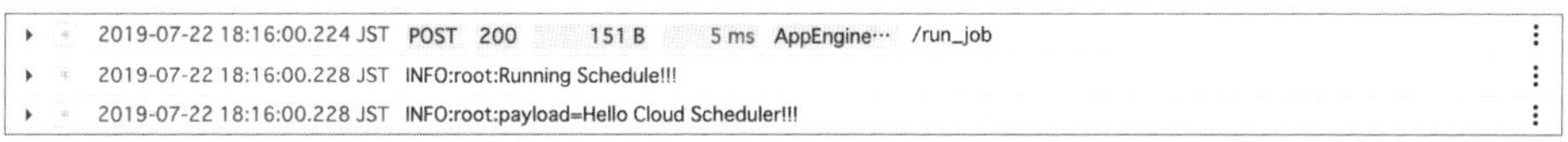

2019-07-22 18:16:00.224 JST POST 200 151 B 5 ms AppEngine… /run_job
2019-07-22 18:16:00.228 JST INFO:root:Running Schedule!!!
2019-07-22 18:16:00.228 JST INFO:root:payload=Hello Cloud Scheduler!!!

図11.27 ジョブの出力確認

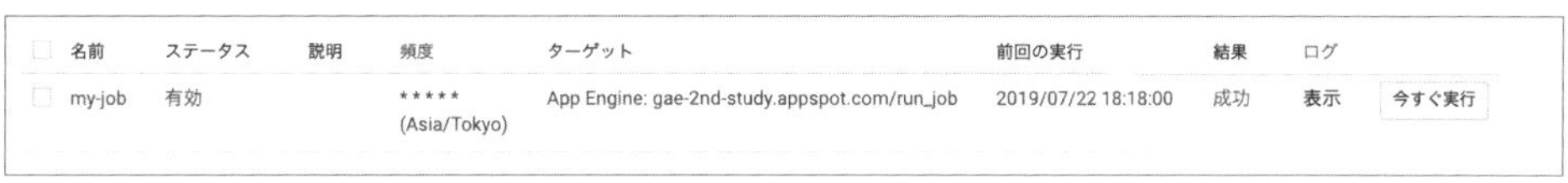

名前
ステータス
説明
頻度
ターゲット
前回の実行
結果
ログ
my-job
有効
* * * * *
(Asia/Tokyo)
App Engine: gae-2nd-study.appspot.com/run_job
2019/07/22 18:18:00
成功
表示
今すぐ実行

すべて確認できたら、ジョブを削除します。Cloud Schedulerの画面で、ジョブを選択して、［削除］ボタンをクリックします。**図11.28**のように確認ダイアログが表示されるので、［確認］ボタンをクリックします。一覧からジョブが削除されていることを確認します。

図11.28 ジョブの削除確認

索 引

著者プロフィール

● 小林明大（こばやし あきひろ）

1章から5章、7章から11章を執筆

1977年生まれ神奈川県出身の登山とサバイバルゲームが趣味なGoogle大好きエンジニア。最近ではキャンプにもハマり、キャンプしたあとの登山というパイプラインが構築されている。もともとはありふれたJavaエンジニアだったが、趣味で始めたAndroid開発が本職になり、いつのまにか高校大学専門学校で講師として活躍。現在早稲田大学でAndroidとPythonを指導。一方で同じ時期に趣味で続けたGCPもGoogle Cloud Certified Professionalの資格を取得をきっかけに公認トレーナーの道に進む。Google Cloud Authorized Trainerとして公式のGCP認定トレーニングおよび、Google主催のイベントの講演実績多数あり。講師業以外にも個人事業主として開発もするGCPの技術コンサルタントして活躍。いくつかの有名企業でGCPを使った大規模開発に携わる。また友人と３人で株式会社エル・ストームを起業するも、翌年に役員を退任。現在、楽天モバイル株式会社でクラウド事業に従事。変わった経歴の持ち主として自負しているが、これで良かったと思っている。

● 北原光星（きたはら こうせい）

5章、6章を執筆

1982年生まれ長崎県出身の登山とキャンプが好きなエンジニア。主にITベンチャーでGCPやAWSを用いたクラウドネイティブなアプリケーション開発に従事。現在はスマートホテル事業を展開する株式会社SQUEEZEでテックリードを担当している。OSS活動としてPythonプロジェクトを保守するコミュニティJazzbandに所属。

監修

● 中井悦司（なかい えつじ）

1971年4月大阪生まれ。ノーベル物理学賞を本気で夢見て、理論物理学の研究に没頭する学生時代、大学受験教育に情熱を傾ける予備校講師の頃、そして、華麗なる（？）転身を果たして、外資系ベンダーでLinuxエンジニアを生業にするに至るまで、妙な縁が続いて、常にUnix/Linuxサーバーと人生を共にする。Linuxディストリビュータのエバンジェリストを経て現在は、米系IT企業のCloud Solution Architectとして活動。

最近は、機械学習をはじめとするデータ活用技術の基礎を世に広めるために、講演活動のほか、雑誌記事や書籍の執筆にも注力。執筆書籍は、『［改訂］プロのためのLinuxシステム・ネットワーク管理技術』、『プロのためのLinuxシステム・10年効く技術』、『独習Linux専科――サーバ構築/運用/管理』、『Docker実践入門』、『ITエンジニアのための機械学習理論入門』（以上、当社刊行）、『TensorFlowとKerasで動かしながら学ぶディープラーニングの仕組み』（マイナビ出版）。『技術者のための基礎解析学』、『技術者のための線形代数学』、『技術者のための確率統計学』、『プログラマのためのGoogle Cloud Platform入門』（以上、翔泳社）など。

Staff
●装丁　　篠原圭介＋ロケットボム
●本文設計・組版　　BUCH+

■本書で掲載しているアプリケーションのソースコード
https://github.com/hidecheck/gae_basics_webapp

※本書記載の情報の修正・訂正については当該Webページで行います。
https://gihyo.jp/book

Software Design plus シリーズ

Google Cloud Platform
GAE ソフトウェア開発入門
――Google Cloud Authorized Trainer による実践解説

2020年3月4日　初版　第1刷発行

著　者	小林明大、北原光星
監　修	中井悦司
発行者	片岡 巌
発行所	株式会社技術評論社 東京都新宿区市谷左内町 21-13 電話　03-3513-6150　販売促進部 　　　03-3513-6170　雑誌編集部
印刷／製本	図書印刷株式会社

定価はカバーに表示してあります。

ISBN 978-4-297-11215-8 C3055
Printed in Japan

■お問い合わせについて

- ご質問は、本書に記載されている内容に関するものに限定させていただきます。本書の内容と関係のない質問には一切お答えできませんので、あらかじめご了承ください。
- 電話でのご質問は一切受け付けておりません。FAXまたは書面にて下記までお送りください。また、ご質問の際には、書名と該当ページ、返信先を明記してくださいますようお願いいたします。
- お送りいただいた質問には、できる限り迅速に回答できるよう努力しておりますが、お答えするまでに時間がかかる場合がございます。また、回答の期日を指定いただいた場合でも、ご希望にお応えできるとは限りませんので、あらかじめご了承ください。

〒162-0846
東京都新宿区市谷左内町21-13
株式会社 技術評論社　雑誌編集部
「GAEソフトウェア開発入門」係
FAX　03-3513-6179